Der Einfluss des Ölsandabbaus auf die Siedlungsgrenze im Norden Kanadas

Europäische Hochschulschriften

European University Studies

Publications Universitaires Européennes

Reihe V	**Volks- und Betriebswirtschaft**
Series V	Economics and Management
Série V	Sciences économiques, gestion d'entreprise

Band/Volume **3422**

Eduard Krejci

Der Einfluss des Ölsandabbaus auf die Siedlungsgrenze im Norden Kanadas

PL ACADEMIC RESEARCH

Bibliografische Information der Deutschen Nationalbibliothek
Die Deutsche Nationalbibliothek verzeichnet diese Publikation in der Deutschen Nationalbibliografie; detaillierte bibliografische Daten sind im Internet über http://dnb.d-nb.de abrufbar.

Die Drucklegung dieser Arbeit wurde empfohlen
von Ao. Prof. Dr. Albert Hofmayer, Wirtschaftsuniversität Wien.

Gedruckt auf alterungsbeständigem,
säurefreiem Papier.

ISSN 0531-7339
ISBN 978-3-631-62460-9

www.peterlang.de

Rerum cognoscere causas.

Inhaltsverzeichnis

Tabellenverzeichnis

Abbildungsverzeichnis

Kartenverzeichnis

Abkürzungsverzeichnis

API	American Petroleum Institute
AEAB	Alberta Environmental Appeals Board
AEUB	Alberta Energy and Utilities Board
BIP	Bruttoinlandsprodukt
bbl	Barrel Erdöl (159 l)
bbl/d	Barrel / Tag
BMWFJ	Bundesministerium für Wirtschaft, Familie und Jugend
CAPP	Canadian Association of Petroleum Producers
Cdn$	Kanadischer Dollar
CSS	Cyclic Steam Stimulation
ERCB	Energy Resources Conservation Board
EPEA	Alberta Environmental Protection and Enhancement Act
GCOS	Great Canadian Oil Sands
GJ	Gigajoule (10^9 Joule)
ha	Hektar (0,01 km^2)
IMF	International Monetary Fund
k.A.	keine Angabe
m^3	Kubikmeter
m^3/d	Kubikmeter / Tag
Mrd.	Milliarden
NADC	Northern Alberta Development Council
NCIRNP	Northwestern Canadian Integrated Road Network Plan
NEP	National Energy Program
NOSTF	National Oil Sands Task Force
PRC	Peace River Country
pph	Personen pro Hektar
RMWB	Regional Municipality of Wood Buffalo
RSC	Royal Society of Canada
SAGD	Steam Assisted Gravity Drainage
SMA	Surface Mineable Area
THAI	Toe-to-Heel Air Injection
WBEA	Wood Buffalo Environmental Association
WCSB	Western Canada Sedimentary Basin

1. Einleitung

1.1 Problemstellung

Gegenwärtig vollzieht sich im Norden der Provinz Alberta mit dem Abbau des Ölsandes ein Prozess, der in seiner Dynamik und Größenordnung seines Gleichen sucht. Im Norden Kanadas, im borealen Waldland an der Grenze zum diskontinuierlichen Permafrost, geprägt durch das dort vorherrschende subpolare Klima, befinden sich die weltweit größten Vorkommen an Ölsand. Die Ölsand-Lagerstätten in der Provinz Alberta zählen weltweit zu den größten Vorkommen an unkonventionellem Öl. Unter dem Aspekt der strategischen Versorgungssicherheit für den nordamerikanischen Kontinent erlangen diese Ölsandvorkommen eine große Bedeutung. Internationale Energiegesellschaften, allen voran solche aus dem asiatischem Raum, kaufen sich in kanadische Unternehmen ein, um vom „Ölsandboom" zu profitieren. Schätzungen zufolge lagern zwischen 1,7 und 2,5 Billionen Barrel Erdöl in der Region (vgl. Oil Sands Discovery, 2009, S. 3).

Die Ölsandvorkommen konzentrieren sich auf drei Gebiete: Athabasca, Cold Lake und Peace River, die an der Grenze des diskontinuierlichen Permafrost liegen. Zusammen haben sie eine Ausdehnung von rund 140.000 km². Die am leichtesten zugänglichen und größten Vorkommen, die in der Tagebauweise erschließbar sind, liegen im Athabasca Gebiet auf einer Fläche von knapp 40.000 km² (vgl. Gerloff, 2003, S. 116; vgl. Oil Sands Discovery, 2009, S. 5). Die Erschließung der Ölsandvorkommen in Alberta wird in Kanada als Megaprojekt bezeichnet, auf Grund der hohen Investitionen im Milliardenbereich (vgl. Bone, 2003, S. 146ff). Alle drei Regionen liegen im borealen Waldgürtel Kanadas.

Das boreale Waldland, das große Flächen Kanadas für sich beansprucht, zeichnet sich durch eine geringe Bevölkerungsdichte, große Entfernungen und fehlende ganzjährig nutzbare Infrastruktur aus; der Ackerbau ist aufgrund extremer Naturbedingungen stark eingeschränkt. In den letzten zwei Jahrhunderten sprach man von der Siedlungsgrenze im Kanadischen Norden als der Ackerbaufrontier.

In den letzten 50 Jahren hat sich durch den zunehmenden Strukturwandel die Ackerbaufrontier zu einer „multi resource frontier" entwickelt, in der Forstwirtschaft, Erdöl und Erdgas die dominierenden Wirtschaftszweige sind (vgl. Ehlers, 2002, S. 38). Auf Grund der großen Rohstoffvorkommen im borealen Waldland und der Erschließung durch die Eisenbahn im letzten Jahrhundert und in den letzten Jahrzehnten durch das Flugzeug wandelte sich die Frontier in einigen Regionen zu einem integrierten Teil der kanadischen Wirtschaft.

Die Erschließung der Rohstoffvorkommen an der Siedlungsgrenze ist nach traditioneller Literaturaussage nicht von langer Dauer und erfolgt meistens punktuell. Die Veränderung der Siedlungsgrenze im borealen Waldland kann anhand der Neuordnung des zentralen Siedlungsnetzes festgestellt werden, durch Konzentration öffentlicher Funktionen auf wenige urbane Zentren, beziehungsweise das Wüstfallen historischer Siedlungen aus der Pionierzeit der ersten Hälfte des 20. Jahrhunderts, sowie die Ausweitung der sozioökonomischen Basis auf nicht-agrare Bereiche der Wirtschaft. Dieser Wandel kann anhand der Entwicklung der RMWB[1] und insbesondere der Urban Service Area Fort McMurray verfolgt werden.

Beim Beginn der bergbaulichen Aktivitäten in den 1970er Jahren betrug die Einwohnerzahl 6.132 Personen. Nach dem letzten regionalen Zensus von 2010 beläuft sich die Einwohnerzahl von Fort McMurray auf 76.797 Personen (vgl. Regional Municipality of Wood Buffalo, 2010, S. 4). Während die Provinz Alberta im Zeitraum 2000 bis 2010 im Durchschnitt um 2,8 % gewachsen ist, liegt der Zuwachs in der RMWB mit seiner Urban Service Area Fort McMurray im gleichen Zeitraum bei 7,4 % (vgl. Regional Municipality of Wood Buffalo, 2010, S. 2).

1.2 Forschungsfrage und Zielsetzung

Im Rahmen dieser Arbeit soll untersucht werden, inwieweit die bergbaulichen Aktivitäten in den Ölsand-Lagerstätten zu einer Veränderung der Frontier in der Provinz Alberta in Fort McMurray geführt haben. Die Forschungsfrage, die hier beantwortet werden soll, lautet:

Welchen Einfluss hat der Ölsandabbau auf die Siedlungsgrenze im Norden Albertas und inwieweit haben sich dadurch betroffene Gebiete verändert?

1.3 Methodik

Die Grundlage dieser Arbeit stellt eine umfassende Literaturrecherche dar. Neben den Katalogen verschiedener Bibliotheken, national und international, wird auch auf die im Internet verfügbaren Datenbanken zurückgegriffen, die eine Vielzahl an Fachzeitschriften und anderen Publikationen beinhalten, darunter zahlreiche

1 Regional Municipality of Wood Buffalo.

wirtschaftsgeographische Beiträge. Weitere wichtige Datenquellen stellen auch die kanadischen Internetseiten dar, wie Statistics Canada, Canadian Association of Petroleum Producers (CAPP), Northern Alberta Development Council (NADC) und das Regional Municipality of Wood Buffalo (RMWB) mit einem umfassenden empirischen Material. Der Großteil der verwendeten Literatur stammt aus dem kanadischen Raum.

1.4 Gang der Argumentation

Nach einer kurzen Einleitung sollen im konzeptionell-theoretischen Teil der Arbeit die Begriffsdefinitionen und Modellkonzeptionen für Siedlungsgrenzenentwicklung vorgestellt werden. Die Modellkonzeptionen sind wichtig, um das Prinzip der Siedlungsgrenzenentwicklung zu verstehen. Das erste Modell stammt von Frederick Jackson Turner, der erstmalig durch die Schilderung der Eroberung des amerikanischen Westens auf den Kulturlandschaftswandel hingewiesen hat. Es folgt das Modell von Mackenroth und zuletzt das 5-Phasen-Modell der Siedlungsgrenzenentwicklung von Ehlers. Die Modelle geben Einblick, wie sich die Siedlungsgrenze vom Pionierstadium zu einer vollen Kulturlandschaft gewandelt hat.

Im nächsten Schritt sollen die Genese und Entwicklung der kanadischen Siedlungsgrenze seit 1850 näher erläutert werden, und zwar vom Wandel der Ackerbaufrontier bis zur Bergbau- und Forstwirtschaftsfrontier. Die Untersuchungsräume für die Beschreibung der verschiedenen Typen der Frontier sind der Clay Belt in den Provinzen Ontario und Quebec sowie das Peace River Country in der Provinz Alberta. Die beiden Räume wurden gewählt, weil diese als Musterbeispiele der Siedlungsgrenzenentwicklung gelten und in der Fachliteratur dementsprechend Eingang gefunden haben.

Die kurze historische Betrachtung ab dem Beginn der bergbaulichen Aktivitäten in den Ölsandvorkommen um 1960 bis heute soll die zunehmende Bedeutung dieser Ressource beleuchten. Danach werden die Methoden den Ölsandförderung, die Verfahrensschritte zur Aufbereitung von Ölsand und die derzeitige Entwicklung der Urban Service Area Fort McMurray anhand der Aspekte Bevölkerung, Infrastruktur und Umwelt beschrieben. Zum Abschluss erfolgt eine Zusammenfassung über die wichtigsten Punkte in der Entwicklung der Urban Service Area Fort McMurray.

2. Konzeptionell-theoretischer Teil

2.1 Begriffsdefinitionen

Die **Siedlungsgrenze**, im Englischen auch als Pioneerfringe oder Frontier bezeichnet (vgl. Nitz, 1979, S. 11), definiert sich als der Saum, an dem Ökumene und Anökumene zusammentreffen. Die Siedlungsgrenzräume sind die peripheren Räume der Ökumene. Sie entsprechen inselhaften Gebieten, die sich an der Grenze befinden, in der die Natur dominant ist. Die Anökumene ist kein menschenfreier Naturraum. Es leben Menschen in der Anökumene, die Ureinwohner, die auf der Gesellschaftsstufe von Jägern und Sammlern stehen. Während in der Anökumene der Naturraum Naturraum bleibt und keiner nachhaltigen Veränderung ausgesetzt ist, findet in der Ökumene die Transformation des Naturraums zu Kulturraum statt.

Dieser Wandel vollzieht sich in langen Schritten und ist keine plötzliche Erscheinung. Am Anfang einer jeden Entwicklung steht immer das Pionierstadium. Das Ausdehnen der Siedlungsgrenze ist kein stationärer Prozess, sondern ein dynamischer Vorgang, der sich anhand verschiedener Phasen manifestiert. Die Typen der Siedlungsgrenze sind der Kulturlandschaftsverfall, die Kontraktion, der Rückgang und die Zurücknahme der Siedlungsgrenze und im positiven Sinne die Ausdehnung der Siedlungsgrenze. Natürlich sind die Siedlungsgrenzräume weniger in den Kernräumen der Triade zu finden, denn diese Grenzräume befinden sich an der Periphere der Kernräume.

Die in Europa existierende Siedlungsgrenze richtet sich nach den Höhegrenzen der alpinen Landschaften. Die Expansion der Siedlungsgrenze ist mit einem Aufeinanderprallen unterschiedlicher Kulturen und Gesellschaften verbunden, wobei natürlich jene Gesellschaft im Vorteil ist, die über die wirtschaftlich-technischen Möglichkeiten verfügt, den Raum auszudehnen. Die unterlegene Gesellschaft wird zurückdrängt, ausgelöscht oder mit einbezogen, dabei sinkt diese auf einen niedrigen sozialen Status.

Die heutigen Kernräume der Ökumene (Nordamerika, Europa, Japan) haben in der Vergangenheit das Pionierstadium durchlaufen und den Kulturlandschaftswandel abgeschlossen (vgl. Nitz, 1979, S. 12). Die Erschließung Nordamerikas durch die westwärts wandernden Siedler in den USA ist ein klassisches

Beispiel für das Durchlaufen des Pionierstadiums hin zu einer Entwicklung zu einem Kernraum der Ökumene. Schon Nitz (1979) hält fest, dass die Erforschung der Siedlungsgrenze keineswegs abgeschlossen ist weder in der historischen Betrachtung noch in der aktuellen Entwicklung.

Das **boreale Waldland** Kanadas erstreckt sich von Neufundland bis nach Yukon und umfasst eine Fläche von 3,6 Millionen km^2. Das boreale Waldland erfüllt eine wichtige wirtschaftliche Funktion hinsichtlich Bergbau, Landwirtschaft und Forstwirtschaft. Neben dem wirtschaftlichen Aspekt ist das boreale Waldland Kanadas natürlicher Lebensraum für Pflanzen und Tiere und reich an Rohstoffen. Die Gewinnung und Aufarbeitung der Rohstoffe erfolgt vor Ort; sie werden in den industrialisierten Süden transportiert oder gehen in den Export.

Ein weiteres Potenzial, das im Waldgürtel neben Bergbau und Holzverarbeitung genutzt wurde, ist die Erzeugung elektrischer Energie durch Wasserkraft. Im Bereich des Kanadischen Schildes sind auf Grund der vielen Gewässer optimale Voraussetzungen vorhanden. Die Standorte der holzverarbeitenden Industrie konzentrieren sich entlang von Flüssen, diese dienen als Transportwege und zum Betrieb von Kraftwerken. Zahlreiche Betriebe der Papier- und Kartonindustrie haben sich am Südrand des Kanadischen Schildes angesiedelt. In den Prärieprovinzen ist die Forstwirtschaft und holzverarbeitende Industrie ein wichtiges Standbein, Papierfabriken sind allerdings gering vertreten. In der historischen Betrachtung wurde das boreale Waldland Nordamerikas als ein agrarwirtschaftlicher Siedlungsraum der Zukunft gesehen (vgl. Ehlers, 2004, S. 6). Dieser Standpunkt war Grundlage zahlreicher Studien mit der These, dass im borealen Waldland große Räume optimaler Acker- und Weideland auf die Erschließung warten.

Weite Teile des borealen Waldlandes in Kanada stehen unter Naturschutz. Der Naturschutz steht im diametralen Gegensatz zu Bergbau und Forstwirtschaft. Die borealen Waldländer nehmen eine bedeutende Rolle im globalen Kohlenstoffkreislauf als CO_2-Senken ein.

Die Erschließung des Ölsandes gehört in Kanada zu den sogenannten Megaprojekten. **Megaprojekte** gelten als der Schlüssel für die Ressourcenerschließung im kanadischen Norden und werden als Motor für die ökonomische Entwicklung betrachtet (vgl. Bone, 2003, S. 134). Ausschließlich große, insbesondere multinationale Konzerne verfügen über die finanzielle Kapazität für Projektierung, Errichtung und Betrieb solcher Vorhaben. Ein Megaprojekt besteht grundsätzlich aus den Phasen der Errichtung und des Betriebes. Die Phase der Errichtung verursacht aber die größten Auswirkungen auf betroffene Gemeinden und Umgebung. Ein Megaprojekt lässt sich in der Phase der Errichtung folgendermaßen charakterisieren (vgl. Bone, 2003, S. 134):

- Die Errichtungskosten belaufen sich von mindestens 1 Milliarde bis zu 20 Milliarden Cdn$.
- Die Errichtung kann 2 bis 10 Jahre in Anspruch nehmen.
- Kurzfristig werden umfangreiche Arbeitsmöglichkeiten und Geschäftsmöglichkeiten geboten.
- Lokale Arbeitskräfte sind auf Grund fehlender Qualifikationen oder geringer Anzahl nicht in der Lage, die Nachfrage, die durch ein Megaprojekt entstehen kann, zu befriedigen. Das führt zu der Situation, dass Arbeitskräfte von außerhalb der Region zugeführt werden müssen und somit ein Bevölkerungsdruck entsteht.
- Die lokale Umwelt wird in den meisten Fällen bei der Errichtung geschädigt.
- Das lokale Verkehrsnetz steht unter hohem Druck, um den Anforderungen des Megaprojektes zu entsprechen.

Projekte in dieser Größenordnung haben nachgewiesen nachhaltige sowohl positive als auch negative Effekte auf die Region. Auf der positiven Seite kommt es zur Stimulation der regionalen Wirtschaft auf Grund von Multiplikatoreffekten, der Expansion des lokalen und regionalen Verkehrsnetzes, darüber hinaus wird die Nachfrage nach Gütern und Dienstleistungen erhöht und eine Diversifizierung der regionalen Wirtschaft findet statt.

Die Schattenseiten beziehungsweise die negativen Effekte solcher Projekte sind Erscheinungen wie Arbeitskräftemangel, Wohnraumknappheit und soziale Probleme wie Alkoholismus, Drogenkonsum und Kriminalität. Der Andrang von Arbeitskräften von außerhalb der Region wirkt negativ auf die bisherige soziale Kohäsion und verursacht einen demographischen Wandel. Nachteilig sind auch Eingriffe in die Umwelt durch Schadstoffemissionen, die bei der Errichtung und beim Betrieb von Megaprojekten entstehen können.

Megaprojekte sind eine neue Erscheinung des 20. Jahrhunderts und treten erst nach dem 2. Weltkrieg auf. Das erste Megaprojekt in Kanada war die Errichtung einer Eisenerzmine in Quebec und Labrador im Jahr 1954. Die Errichtung der Tagebauminen in der Provinz Alberta gilt als klassisches Beispiel für ein Megaprojekt.

Die geologisch korrekte Bezeichnung für **Ölsand** lautet Bitumensandstein.[2]

2 Der Autor benützt den Begriff Ölsand auf Grund der gebräuchlichen Verwendung in der wissenschaftlichen Literatur.

Abbildung 1: Aufbau von Ölsand

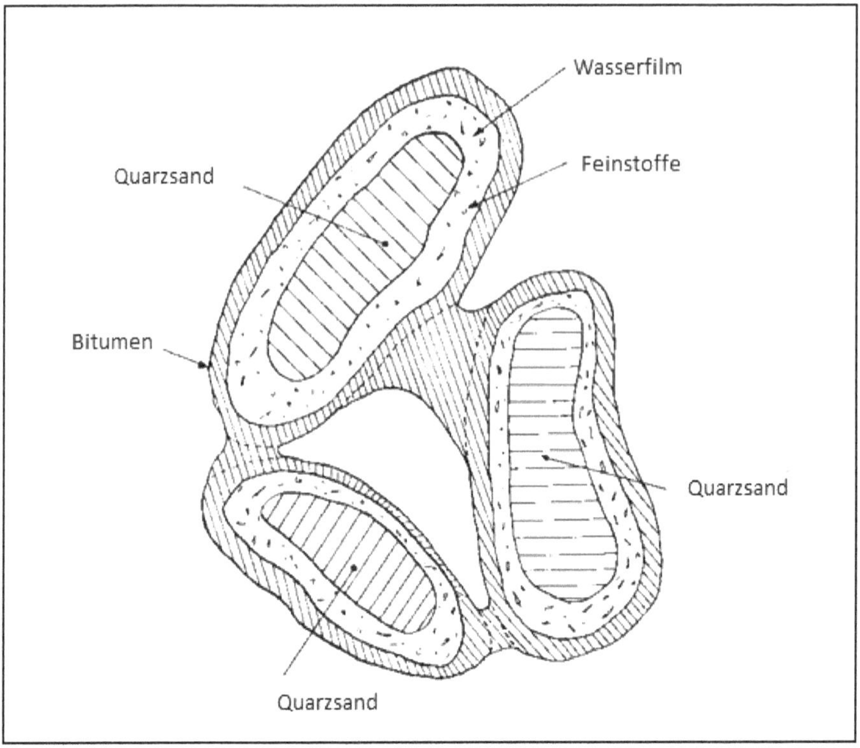

Quelle: Oil Sands Discovery Caentre, 2000, S. 8

Jedes einzelne Quarzsandkorn ist von einem Wasserfilm umgeben, der wiederum von einer Schicht Bitumen bedeckt ist, siehe Abbildung 1. Im Wasserfilm sind Anteile an Glimmer, Rutil, Titan, Zirkon und Vanadium enthalten. Die Sandkörner sind dicht aneinander angeordnet und zeigen ein inhärentes Verhalten. Der Bitumengehalt variiert von 1 % bis 18 %. Der wirtschaftliche Abbau ist ab einem Bitumengehalt von 12 % gegeben. Ölsand hat einen API[3] von 8 – 14, ist ein Gemisch verschiedener und langer Kohlenwasserstoffketten und besitzt daher eine komplexe molekulare Struktur. Ölsand kann daher nicht im natürlichen Zustand wie beispielsweise konventionelles Erdöl gefördert und kann auch nicht direkt in relevante Petroleumprodukte (Benzin, Kerosin oder Gasöl) umgewandelt werden. In einen mehrstufigem energieintensiven Prozess werden 2 Tonnen Ölsand verarbeitet, um 1 Barrel synthetisches Rohöl herzustellen.

3 American Petroleum Institute.

Die durchschnittliche Zusammensetzung von Bitumen ist 83,2 % Kohlenstoff, 10,4 % Wasserstoff, 0,94 % Sauerstoff, 0,36 % Stickstoff und 4,8 % Schwefel (vgl. Oil Sand Discovery, 2009, S. 10). Die Viskosität des Bitumens ist im Vergleich zum Rohöl sehr hoch.

Es gibt mehrere Hypothesen über die wahrscheinliche Entstehung der Ölsande (vgl. Schröder, 1989, S. 45):

1. Das im Ölsand enthaltene Bitumen stammt aus Flachmeerablagerungen des Devons und wurde durch Abtragungen freigelegt. Durch in der unteren Kreide einsetzende Sedimentation entstand Druck, der die Kohlenwasserstoffe mobilisierte und zum Aufsteigen veranlasste. Dabei kam es zur Umwandlung aus dem flüssigen Zustand in das Bitumen und zwar nach Eindringen in das Speichergestein.
2. Die Migration der Kohlenwasserstoffe aus dem Devon erfolgte in der unteren Kreide gleichzeitig mit der Sedimentation; ein stellenweises Aufdringen an der Oberfläche ließ Asphaltseen entstehen.
3. Das Bitumen ist nicht im Devon entstanden, sondern durch die Zersetzung organischen Materials in den Kreidesanden, in denen es heute noch vorgefunden wird.

2.2 Modellkonzeptionen für die Entwicklung der Siedlungsgrenze

Zur Erklärung der Genese der Siedlungsgrenze (Frontier) und Entwicklung gibt es verschiedene Modelle. Erstmalig wurde der Begriff der Frontier vom amerikanischen Historiker Frederick Jackson Turner geprägt, der von der Frontier Settlement als Grundlage von freiheitlich-demokratischer Entwicklung sprach. Jackson Turner gab die Initialzündung für die Frontierthematik, die zu einem Forschungsthema der Geographie geworden ist. Aufbauend auf diesem Werk, beschäftigten sich Geographen auch in den anderen Kernräumen der Welt mit der Frontierthematik. Die 1930er Jahre können als die Geburtsstunde für die geographische Betrachtung und die Kulturlandschaftsentwicklung angesehen werden. Die Erforschung der Pioniersiedlungsräume der Erde ist keinesfalls abgeschlossen. Die Frontier befindet sich weiterhin in einem dynamischem Prozess, der expandiert, stagniert oder sich rückwärts bewegt. In diesem Kapitel werden folgende drei Modellkonzeptionen erläutert:

Das erste Modell basiert auf der These Frederick Jackson Turners über die phasenhafte Entwicklung der Frontier. Das zweite Modell stammt vom Soziologen Mackenroth, der die Siedlungsgrenze als abhängige Größe von Bevölkerungswachstum und Nahrungsspielraum beschreibt. Das dritte Modell der Kulturlandschaftsentwicklung von Ehlers unterteilt die Siedlungsgrenzenentwicklung in fünf Phasen mit unterschiedlichen Ausprägungen.

2.2.1 Modell der Frontier Settlement von Jackson Turner

Der Begriff der Frontier und ihre Bedeutung für die Genese der Vereinigten Staaten von Amerika wurde erstmalig vom Historiker Frederick Jackson Turner in seinem Werk „Die Bedeutung der Grenze in der amerikanischen Geschichte" geprägt. Turner war ein Zeitzeuge der Entwicklung der Frontier und ihrem offiziellen Ende im Jahr 1890, die er mit der Aussage des Leiters der Volkszählung dokumentiert: „... einschließlich 1880 hatte das Land eine Ansiedelungsgrenze, aber jetzt sind in den unbesiedelten Raum so oft isolierte Siedlungsbereiche eingebrochen, dass man kaum noch von einer Grenzlinie sprechen kann. Es kann daher bei der Diskussion über ihre Ausdehnung, ihre Bewegung nach Westen ... nicht länger von ihr die Rede sein." (Turner, 1947, S. 44).

Obwohl Turners Modell mehr auf den historischen Entstehungsprozess der Vereinigten Staaten und auf die Ausbildung der demokratischen Kultur zugeschnitten ist, hat er im geographischen Sinne einen Zyklus des Kulturlandschaftswandel beschrieben (vgl. Nitz, 1976, S. 13). Somit bildet Turners Aufsatz den Grundstein zu einem zentralen Forschungsthema in der Geographie. Die Ansätze Turners wurden für andere Geographen die Grundlage ihrer Frontieruntersuchungen. Das Turner-Modell definiert die Pionierzone als einen Bereich großer Dynamik, an dem Wildnis und Zivilisation aufeinandertreffen und mit wirtschaftlicher und sozialer Differenzierung verbunden sind.

Turner (1947) spricht von einer steten Wiederholung des Entwicklungsprozesses. Er kommt zu der Auffassung, dass die Expansion der Pionierzone eine sukzessive Abfolge des Kulturlandschaftswandels zur Folge hat. Vergleichbar mit einer phasenhaften Evolution ist der indianische Händler, der den Anfang des Entwicklungsprozesses markiert; dem Händler folgt der Viehzüchter, der die nicht erschlossenen Flächen für sein Vieh nützt. Dem Viehzüchter folgen der Bergmann und der Farmer. Der Bergmann erschließt die Rohstoffe in den vorhandenen Lagerstätten, doch der Farmer ist gemäß Turner (1947) der Träger der Siedlungsentwicklung. Der Pionierfarmer wandelt die Wildnis durch Rodungen und Melioration[4] des Bodens in agrare Kulturlandschaft um. Diese agrare Kulturlandschaft wiederum bietet Raum und Nahrungsmittel für die Gründung von Städten. Die Städte ziehen weitere Siedler und das Gewerbe an. Dem Gewerbe

4 Kulturtechnische Maßnahme zur agrarwirtschaftlichen Bodenverbesserung. Die Melioration ist beispielsweise die Trockenlegung versumpfter oder feuchter Flächen durch Entwässerung beziehungsweise Drainage (Diercke, 2010, S. 549).

folgt in späterer Folge der Unternehmer, der Fabriken in den Städten gründet. Die Fabriken breiten sich in jenen Gebieten aus, in denen einst der Pionierfarmer seine Heimstatt errichtete. Ab diesem Zeitpunkt der vollständigen Erschließung und dem Einzug des Kapitals durch den Unternehmer endet die Entwicklung und der Kulturlandschaftswandel gilt als abgeschlossen.

Während in den bereits erschlossenen Räumen die sozioökonomische Aufwärtsentwicklung vom Pionierfarmer zum Industriellen stattgefunden hat, ist an der vorrückenden Frontier wieder der Händler unterwegs, um Handel mit den Einheimischen zu treiben. Somit beginnt der Zyklus der Erschließung von neuem. Der Wandel zur Kulturlandschaft ist eine fortlaufende Entwicklung. Natürliche Grenzlinien wie Berge, Flüsse sowie unfruchtbare Weiten werden überwunden. Turner kommt zu der Feststellung, dass die amerikanische Demokratie das Ergebnis von Erfahrungen ist, die bei der Besiedelung des Westens gemacht wurden. Eine neue Gesellschaft hatte sich gebildet, die anders als die Gesellschaft der Atlantikküste, demokratisch, genügsam und bäuerlich geprägt war (vgl. Turner, 1947, S. 100).

2.2.2 Modell der Siedlungsgrenzenentwicklung basierend auf Mackenroth

Der deutsche Soziologe Mackenroth hat in den 1950er Jahren durch die Berücksichtigung von Bevölkerungswachstum und Nahrungsspielraum versucht, die Gegensätze agrarischer und nicht-agrarischer sowie industrialisierter und nicht-industrialisierter Gesellschaften zu erklären. Er kommt zu der Feststellung, dass in einer agrarisch strukturierten Gesellschaft, die primär von der Landwirtschaft abhängig ist, das demographische und ökonomische Wachstum über die Steigerung der landwirtschaftlichen Produktion führt (vgl. Mackenroth, 1953, S. 121). Das Bevölkerungswachstum im jeweiligen Land führt zur Intensivierung der Landnutzung auf bestehenden Arealen (Phase I) und in weiterer Folge zur flächenhaften Ausweitung landwirtschaftlicher Nutzflächen. Abbildung 2 zeigt die Darstellung von Ehlers (2003) über das Modell von Mackenroth mit dem Zusammenhang zwischen Bevölkerungswachstum, landwirtschaftlicher Produktivität und ökonomischer Entwicklung. Die weitere Ausweitung landwirtschaftlicher Flächen bedingt durch Bevölkerungsdruck dringt auch in Gebiete mit schlechteren Böden vor (Phase II). Als Beispiel dienen das präindustrielle Europa und Länder der Dritten Welt, in denen sich das Bevölkerungswachstum durch eine Ausweitung ackerfähigen Landes in bisher nicht genutzte Räume vollzogen hat. Das Bevölkerungswachstum erreicht den Stillstand, wenn der Siedlungsraum zur Gänze ausgefüllt ist.

Abbildung 2: Modell der Siedlungsgrenzenentwicklung basierend auf Mackenroth

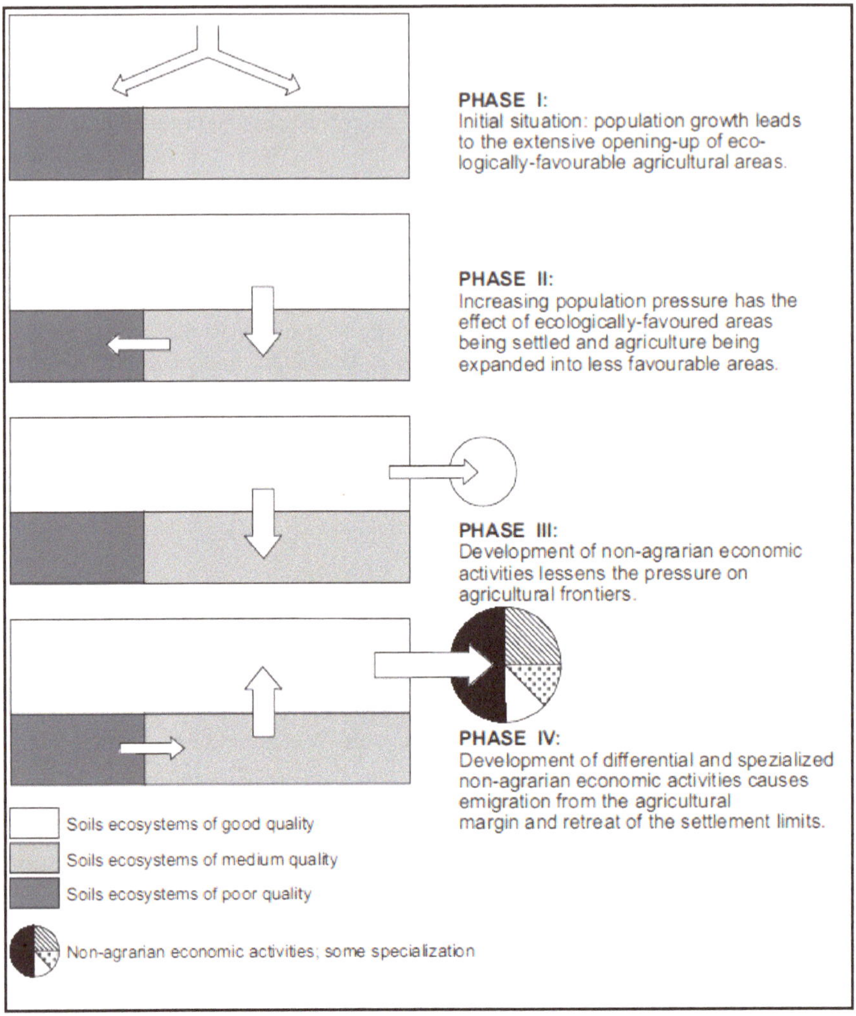

Quelle: Ehlers, 2003, S. 137

Der technische Fortschritt äußert sich mit folgenden zwei Konsequenzen: Erstens die Flächenreduktion, d.h. die gleiche Erzeugung von landwirtschaftlichen Produkten auf einer geringeren Fläche. Es wird Boden freigesetzt, und das ermöglicht Zuwächse an Bevölkerung (vgl. Mackenroth, 1953, S. 442). Zweitens erlaubt die

Intensivierung der Landwirtschaft durch technische Maßnahmen die Freisetzung agrarer Bevölkerung, die in Gewerbe und Industrie abwandert (Phase III).

Die räumliche Expansion der Siedlungsgrenze kommt zum Stillstand, der Bevölkerungsdruck lässt durch Gewerbe und Industrie nach. Es beginnt die Rückverlegung der Siedlungsgrenze (Phase IV) in landwirtschaftlich günstigere Gebiete. Die Bevölkerung migriert in die nicht-agrarischen Sektoren der Wirtschaft.

Empirische Untersuchungen zeigten, dass Mackenroths theoretische Betrachtungen und Generalisierungen gut geeignet sind, die Entwicklung von Ackerbaufrontiers zu erklären, aber auch die Mechanismen zu beschreiben, die ein Vorwärtsdrängen, Stagnation, Rückzug und Wachstum bedingen (vgl. Ehlers, 2003, S. 138).

2.2.3 Das 5-Phasen-Modell der Siedlungsgrenzenentwicklung von Ehlers

Ehlers hat folgendes deskriptives Modell entwickelt, das eine universale gemeingültige Erklärung für die Siedlungsgrenzenentwicklung bieten soll. Die Ausgangssituation des Modells ist die agrarisch geprägte Gesellschaft und die Endphase entspricht der freizeitorientierten Gesellschaft.

- Phase 1
  charakterisiert sich durch eine präindustrielle Bevölkerung, die einen geringen Einfluss auf die Naturlandschaft ausübt. Das demographische und wirtschaftliche Wachstum befindet sich im Gleichgewicht. Jenseits der Siedlungsgrenze sind große Flächen von unbesetztem und extensiv genutztem Land vorzufinden. Das Naturland überwiegt und die Siedlungs- und Wirtschaftsflächen sind festgelegt. Die Struktur der Phase 1 entspricht einer bäuerlichen Dorf-/Einzelsiedlung ohne hierarchische Differenzierung und das Verkehrsnetz ist unterentwickelt (vgl. Abbildung 3). Es existieren Ansätze sozialer Ausdifferenzierungen abhängig von Raum und Zeit. Der sekundäre und tertiäre Sektor fehlen komplett. Phase 1 ist laut Ehlers (1984) nur mehr vereinzelt im Waldland Amazoniens oder auf Papua-Neuguinca in Resten vorzufinden.

- Phase 2
  wird als kulturraumbildende Kolonisation bezeichnet. Es sind zwei Tendenzen in Bezug auf Phase 2 feststellbar: Erstens findet eine Intensivierung der bestehenden landwirtschaftlichen Nutzflächen statt und zweitens kommt es zur Ausweitung der landwirtschaftlichen Nutzflächen und damit zum Vordringen der Siedlungsgrenze. Die Bevölkerung zeichnet sich durch weitgehende Homogenität aus, ausschließlich agrarisch dominiert, mit einem deutlichen Unterschied zur Bevölkerung des Altsiedellandes.

Die Frage der Siedlungsgrenzenentwicklung ist im Zusammenhang mit dem Bevölkerungswachstum und der Expansion der Siedlungsgrenze zu betrachten. Der Prozess der Landnahme kann, abhängig vom Ort der Expansion, als eine kulturraumfüllende oder bei Neulanderschließung als kulturraumbildende Kolonisation bezeichnet werden (vgl. Ehlers, 1984, S. 60). Die Siedlungsstruktur zeigt Ansätze einer hierarchischen Differenzierung und das Verkehrsnetz bildet sich in ein Straßen- und Wegenetz aus.

- Phase 3
  Diese Stufe bildet den Übergang von den primär agrarisch dominierten Bereichen der Wirtschaft zu den nicht-agrarischen Aktivitäten. Diese Phase zeichnet sich durch Bevölkerungswachstum und Industrialisierung aus. In Phase 3 findet die allmähliche Transformation von der Naturlandschaft zur Kulturlandschaft statt. Neue Siedler erschließen das Land, während andere ihre Flächen durch Rodungen erweitern und die Gehöfte ausbauen und damit ihre sozioökonomische Position verbessern (vgl. Ehlers, 2003, S. 140).

  Die Expansion der Siedlungsgrenze verlangsamt sich und kommt nahezu zum Stillstand. Der Druck auf das Land lässt trotz Bevölkerungswachstum nach, weil andere wirtschaftliche Aktivitäten wie Bergbau, Gewerbe und Industrie an Bedeutung gewinnen und Teile der Bevölkerung binden. Die Bevölkerung beginnt sich soziale auszudifferenzieren, mit eindeutigem Übergewicht der agrarischen Bevölkerung. Die Infra- und Siedlungsstruktur unterscheidet sich in der Dichte gegenüber dem Kernland. Es bilden sich größere Siedlungszentren und das Verkehrsnetz ist qualitativ und quantitativ differenziert.

- Phase 4
  Die vorletzte Stufe des Modells entspricht der kulturraumstabilisierenden Kolonisation. Phase 4 ist jener Zeitraum der Siedlungsgrenzenentwicklung, in dem sich das Bevölkerungswachstum vor dem Hintergrund der Industrialisierung abschwächt. Der ursprüngliche Pioniercharakter geht durch die infrastrukturelle Ausstattung des Raumes, anhand der ausdifferenzierten Siedlungsstruktur und des gut ausgebauten Verkehrsnetzes verloren. In hierarchisch gegliederten zentralen Orten wird das selbe Spektrum an Dienstleistungen angeboten wie in den älteren Siedlungszentren. Die sozioökonomische Struktur ist stärker heterogen ausgeprägt als vergleichsweise in der Phase 3. Die zentralen Orte zeichnen sich durch ein breiteres Spektrum nichtagrarischer Bevölkerung und sozialer Gruppen aus.

- Phase 5
  Das ist die letzte Stufe der Siedlungsgrenzenentwicklung und wird als Kulturlandschaftsumbau bezeichnet. Das Auftreten der Phase 5 ist eine jüngere Erscheinung im Vergleich mit den vorangegangen Phasen und zeichnet sich durch Stagnation oder gar Rückverlegung der Siedlungsgrenze aus. Das passiert durch das Auflassen von landwirtschaftlichen Nutzflächen im Bereich der Siedlungs-

grenze. Ehemals agrarisch genutztes Land wird wiederaufgeforstet, siehe Abbildung 3. In den hochindustrialisierten Ländern der Welt zeichnen sich agrarisch geprägte Siedlungsgrenzräume durch Verfallserscheinungen aus, als Symptomatik eines stattfindenden Strukturwandels. Das zentralörtliche System wird durch das Wachstum größerer Zentren und der Stagnation kleinerer Ortschaften gefestigt, bedingt durch die zunehmende Motorisierung der Bevölkerung. Die größeren Zentren bieten ein breites Spektrum an Handel, Gewerbe und Dienstleistungen an. Das Verkehrsnetz ist gleichmäßig gut entwickelt und ausgebaut und verstärkt das System der zentralen Orte. Dieser Wandel kann als freizeitgeprägter Kulturlandschaftsumbau festgemacht werden und ist vorwiegend in den hochindustrialisierten Ländern des Westen zu beobachten. Als Beispiele für diese Entwicklung dienen die Siedlungsgrenzregionen in der Provinz Quebec und in Fennoskandien, aber auch der alpine Bereich Europas (vgl. Ehlers, 1984, S. 69).

Abbildung 3: 5-Phasen-Modell der Siedlungsgrenzenentwicklung von Ehlers

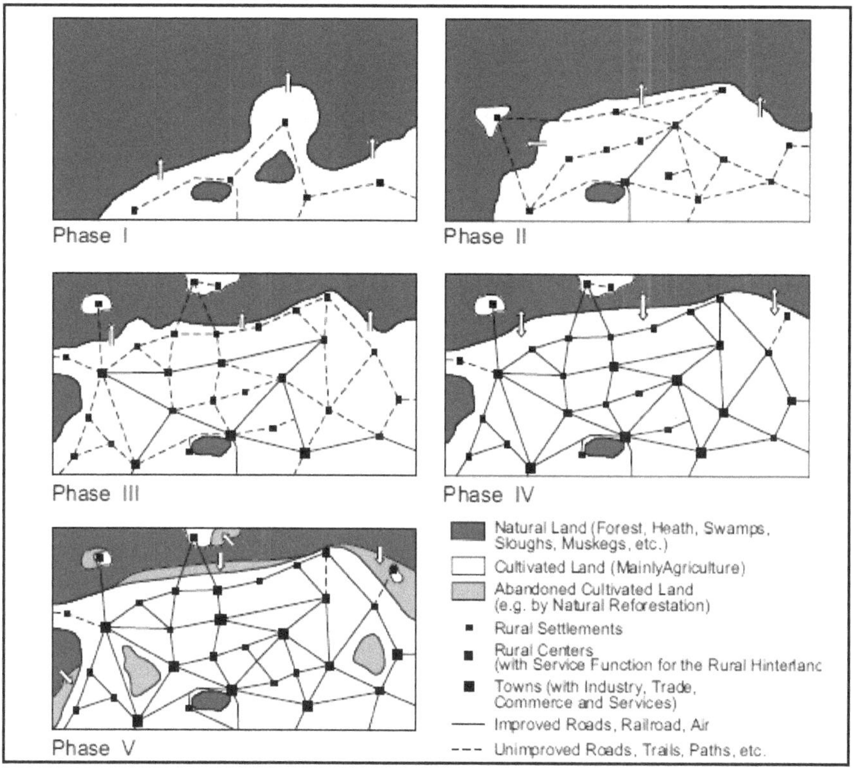

Quelle: Ehlers, 2003, S. 139

3. Die Entwicklung der kanadischen Frontier seit 1850

Dieser Abschnitt widmet sich der Genese und der Struktur der kanadischen Frontier, die keine scharf gezogene Grenze im klassischen Sinne, sondern einen breiten Übergangsraum zwischen Ökumene und Anökumene darstellt. „Die kanadische Ackerbaufrontier ist der Bereich, in dem sich die fleckenhafte Ausweitung der Ökumene gegen Norden vollzieht“ (Ehlers, 1967, S. 328).

Karte 1: Siedlungsgrenzen in Kanada 1994

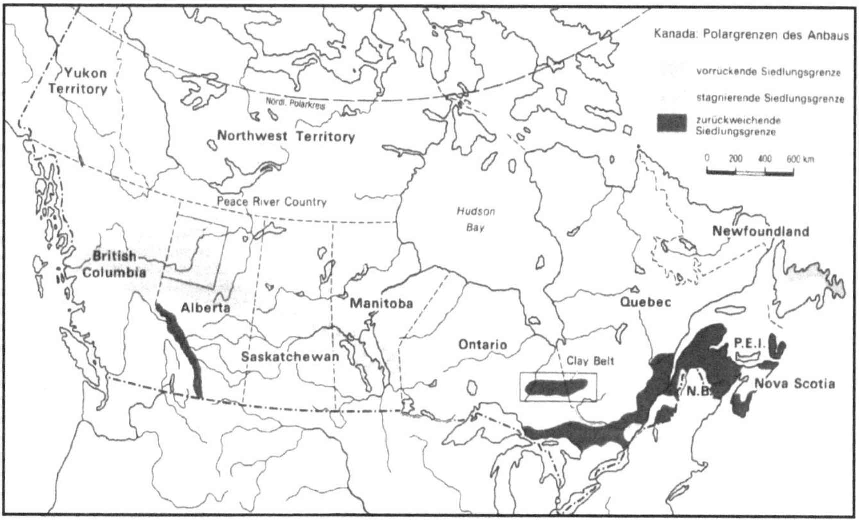

Quelle: Ehlers, 1994, S. 105

Das Erscheinungsbild der kanadischen Siedlungsgrenze ist nicht einheitlich geprägt, wie man Karte 1 entnehmen kann. Es gab bis in die 1990er Jahre eine expandierende Siedlungsgrenze (Ehlers, 1994) in der Provinz Alberta (Peace River Country) und in Britisch Kolumbien. Das ist aber eine Ausnahme im kanadischen Raum. Häufiger vertreten sind stagnierende (Manitoba und Saskatchewan) beziehungsweise zurückweichende Siedlungsgrenzen (Clay Belt in Ontario/Quebec). Die bekanntesten Siedlungsräume im kanadischen Waldland stellen der Clay

Belt und das Peace River Country dar. Der Clay Belt und das Peace River Country sind zwei typische Agrarräume der kanadischen Frontier. Das Peace River Country hat große Aufmerksamkeit in der wissenschaftlichen Literatur erfahren, als ein Modell für die Ackerbaufrontier des 20. Jahrhunderts (vgl. Ehlers, 2003, S. 142). Heterogenität ist ein weiteres Charakteristikum der Siedlungsgrenze, die als Ackerbau-, Bergbau- und als Fortwirtschaftsfrontier auftreten kann.

3.1 Kanadische Ackerbaufrontier

Die ursprüngliche Besiedlung und agrarkolonisatorische Landnahme Kanadas durch die Europäer hatte ihren Ursprung an der atlantischen Ostküste im 17. Jahrhundert. Die Siedler aus Frankreich legten Reihensiedlungen mit langgestreckten Hufen an. Der Ausbau folgte verstärkt im 18. Jahrhundert. Ab Mitte des 18. Jahrhunderts erfolgte die Landnahme in Südontario im Bereich der fünf großen Seen von Einwanderern aus Großbritannien und in späteren Jahren von Loyalisten, die nach der Unabhängigkeit der USA nach Kanada ausgewandert waren.

Die Siedlungsweise der Engländer unterscheidet sich grundlegend von der Siedlungsweise der Frankokanadier mit ihren Reihensiedlungen, die Landvermessung und Aufteilung des Landes erfolgte in Sections und Townships und war von Einzelhöfen gekennzeichnet. Dieser grundlegende Unterschied und die damit verbundenen Konsequenzen werden in späterer Folge anhand der Entwicklungen im Clay Belt beschrieben. 1870 begann die weitere Landnahme im mittleren Westen, sie umfasste die Provinzen Manitoba, Saskatchewan und Alberta (vgl. Lenz, 1976, S. 119). Der Unterschied bestand in den klimatischen Bedingungen. Statt des Waldes war vorwiegend Grassteppe vorherrschend. Das kontinentale Klima mit Kernräumen, die von Trockenheit geprägt sind, erfordert daher besondere agrarwirtschaftliche Maßnahmen. 1871 wurde auf Grund des Andranges ein Gesetz erlassen, das jedem Bewerber, der über 21 Jahre alt war, ein Landareal von ca. 65 ha versprach.

Die Siedlungsgrenze, in der Pioniere und die Natur aufeinanderprallen, wurde im 19. Jahrhunderts in einer romantisierten Version dargestellt. Es gab einen fundamentalen Unterschied zwischen dem Konzept einer Besiedlung aus der Sicht eines Regierungsvertreters und wie es sich ein Siedler vorstellte. Die Bundesregierung und auch die Administrationen der jeweiligen Provinzen waren weit davon entfernt, ein klares Bild über die Besiedlung zu besitzen, noch waren jene, die die Entscheidung über die Besiedelung trafen, auf Farmen geboren, die sich an der Siedlungsgrenze befanden. Diese Diskrepanz führte zu einem Konflikt darüber, wie man sich aus Sicht der Regierungsverantwortlichen eine Farm oder die Siedlungsgrenzenerweiterung vorstellte und wie die wahren Verhältnisse, die

die Pioniere, die das Land erschlossen, zu spüren hatten, aussahen (vgl. Wood, 2006, S. 40f). Viele der Regierungspublikationen, die sich mit der Landwirtschaft des borealen Waldlandes beschäftigt haben und auch publiziert worden sind, waren so konzipiert, den Siedler und Pionier dazu zu verleiten, die Ökumene in Richtung Norden zu erweitern.

Die Besiedelung und die landwirtschaftliche Erschließung nördlicher Regionen erfolgte in den Anfängen des 20. Jahrhunderts und dauerte bis ungefähr 1930. Mit dem Bau der Transkontinentalbahn kam es zur beschleunigten Landnahme, und der Aufbau der Landwirtschaft wurde stark forciert. Die Eisenbahn spielte eine Hauptrolle in der Ausbreitung der Siedlungsgrenze, aber es wurden keine neuen Verbindungslinien speziell nach Norden als Vorhut für die boreale Besiedlung errichtet, mit einer Ausnahme: Im Clay Belt wurde zuerst die Eisenbahnlinie errichtet, um die dortigen Rohstoffe zu erschließen. Die Errichtung der Eisenbahn rechtfertigte in weiterer Konsequenz die Besiedelung (vgl. Wood, 2006, S. 39). Im begehrten Parkland des südlichen PRC entstand eine Eisenbahnlinie erst 1916. Das Verkehrsnetz übt eine aufschließende Wirkung auf das Siedlungsgebiet aus, mit der Schaffung eines zentralen Versorgungs- und Absatznetzes mit zentralen Orten und städtischen Mittelpunkten. Das Eisenbahnnetz in der nördlichen Siedlungsregion erreichte nicht die selbe Dichte wie in den Kernräumen.

Die Bevölkerung nahm in den neuen Gebieten sprunghaft zu, die agrarische Produktion stieg, und Weizen wurde zur dominanten Nutzpflanze. Der Weizenproduktion in den Prärien Kanadas stand ein aufnahmefähiger Markt gegenüber, der im Osten Kanadas lag, aufgrund des dortigen raschen Anstiegs der Bevölkerung in den wachsenden Städten. Exporte in das Mutterland Großbritannien trugen auch zum Wachstum bei. Es ist festzuhalten, dass es um die Jahrhundertwende viele Auswanderer aus Europa oder den USA gab, die neue Chancen suchten und bereit waren, ein hartes Leben als Farmer unter freien Bedingungen zu führen. Wegen der klimatischen Verhältnisse sowie den Bodengegebenheiten mancherorts waren die Farmer des Nordens gegenüber den Farmern im Süden stark benachteiligt. Es gibt weniger frostfreie Tage und damit sind die Risiken für die Landwirtschaft bei weitem höher. Die Wettbewerbsfähigkeit konnte nur durch den Anbau geeigneter Nutzpflanzen ausgeglichen werden. Am Beginn der Besiedelung wurde der Weizenanbau favorisiert, doch in den letzten Jahrzehnten hat durch den Strukturwandel die Umstellung auf Ölpflanzen und Viehfutter (Alfalfa, Canola) stattgefunden.

Mit dem 2. Weltkrieg kam es zur Zäsur in der Agrarkolonisation des Nordens. Die Bereitschaft der Menschen, Farmer im Norden zu werden, änderte sich drastisch. Niemand war mehr bereit, soziale und wirtschaftliche Härten in Kauf zu nehmen, da in den Städten die Verdienstmöglichkeiten und der Lebensstandard höher waren. Die Anzahl der Siedlungswilligen nahm signifikant ab. Ausnahme ist das Peace River Country, hier konnte nach dem 2. Weltkrieg die Ackerbaufrontier expandieren, während im Clay Belt ab 1961 das genutzte Land aufgegeben wurde. Alle Ackerbaufrontiers waren durch einen Strukturwandel gezeichnet, der sich anhand folgender Faktoren und zeitlich mit den Beginn der 1940er Jahre bemerkbar machte:

- Sinkende Anzahl landwirtschaftlicher Betriebe
- Zunahme der durchschnittlichen Betriebsgröße
- Anbau neuer hochwertiger Nutzpflanzen
- Flur- und Dorfwüstungen.

Abbildung 4: Anzahl der Farmen in Kanada 1921-2001, nach Provinzen

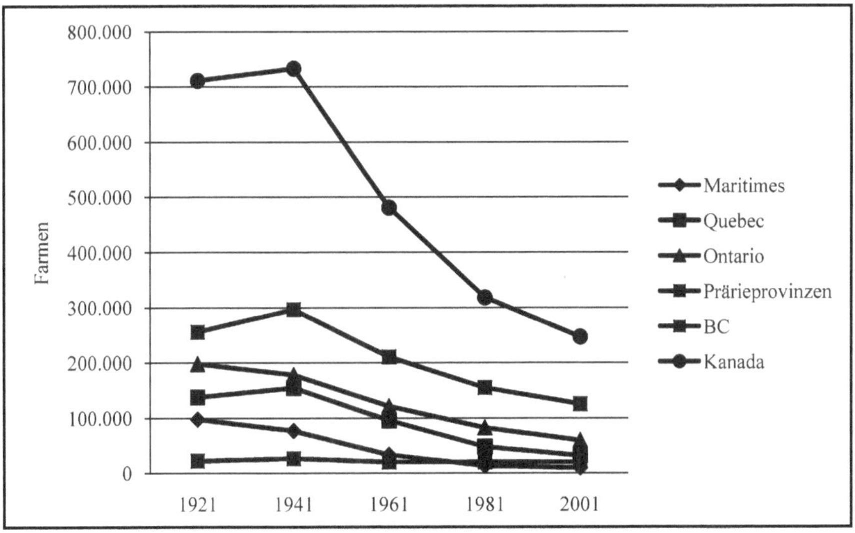

Quelle: Ehlers, 1984, S. 28, Statistics Canada, 2008a-j

Wie in Abbildung 4 dargestellt, ist die Anzahl der Farmen im Vergleichszeitraum 1921-2001 in allen Provinzen Kanadas erheblich gesunken. Der Zeitraum 1941-1961 markiert den Niedergang der Ackerbaufrontier. In Kanada ist die Zahl der Farmen in diesem Zeitraum von ca. 740.000 auf ca. 480.000 signifikant gesunken. Von 1961 bis 2001 hat sich die Zahl landwirtschaftlicher Betriebe in Kanada halbiert von 480.903 auf 246.923 Farmen. Ein auslösender Faktor war die zunehmende Technisierung der Landwirtschaft, damit kam es an den ökonomisch und klimatisch begünstigten Standorten zu Ertragszuwächsen, die zu einer Neubewertung des agrarischen Entwicklungspotenzials borealer Waldländer geführt haben. Neben der Technisierung waren die fortschreitenden Kenntnisse im Bereich des Pflanzenbaues ein weiterer Faktor, dadurch wurde es möglich, enorme Ertragssteigerungen im Bereich der pflanzlichen und tierischen Produktion in den Kernräumen zu generieren. Beide Faktoren hatten zur Folge, dass ökonomisch nicht rentables Kulturland aufgegeben wurde. Die Konsequenzen waren Wüstungserscheinungen. Lenz (1976) spricht auch von der zunehmenden Industrialisierung dieses Wirtschaftszweiges. Farmen werden aufgegeben und das unter Kultur stehende Land wird von kapitalstarken landwirtschaftlichen Betrieben übernommen um rentablen Ackerbau zu betreiben. Die kapitalstarken Betriebe haben nichts mehr gemeinsam mit den Farmen der Anfangsjahre.

Der Rückgang landwirtschaftlicher Nutzflächen ist in Kanada weit verbreitet. Mit dem Schlagwort "loss of canadian agriculture land" wird ein Prozess beschrieben, unter dem sowohl ökonomisch und ökologisch wenig ertragreiche landwirtschaftliche Nutzflächen aufgegeben werden, als auch wertvolles Ackerland, durch die Expansion der Städte in die traditionellen Gürtel des Obst- und Gemüseanbaus hinein.

Der Prozess der agrarkolonisatorischen Erschließung durch die Ausweitung der Ackerbaufrontier ist schon seit Dekaden zum Stillstand gekommen, in den östlichen Provinzen (Neuschottland) sogar schon um die Jahrhundertwende. Der Kulturlandschaftsumbau bzw. Kulturlandschaftsverfall an den Grenzen der Ökumene westlicher Industriestaaten ist ein allgemeingültiges Phänomen, das in den Industriestaaten systemimmanent ist.

Abbildung 5: Durchschnittsgröße von Farmen in Kanada 1921-2001, nach Provinzen

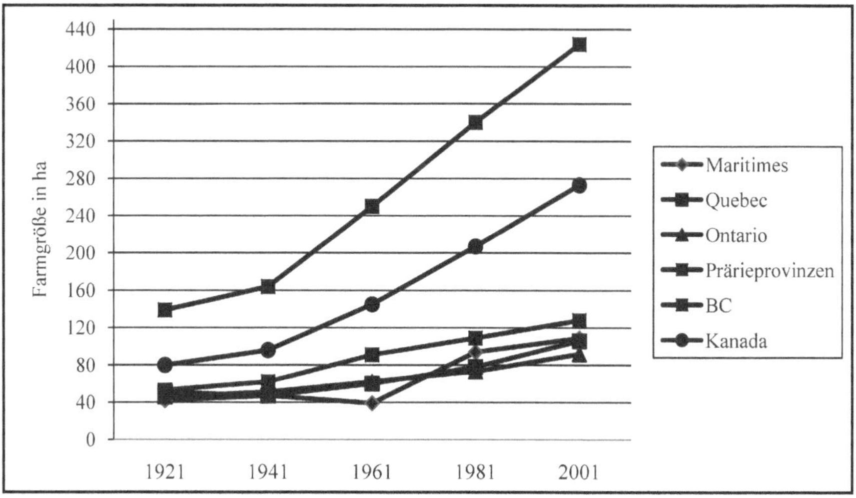

Quelle: Ehlers, 1984, S. 28, Statistics Canada, 2008a-j

Mit sinkender Anzahl landwirtschaftlicher Betriebe nimmt die durchschnittliche Betriebsgröße (vgl. Abbildung 5) zu, es kommt zur betriebswirtschaftlichen Konsolidierung, die in weiterer Folge zu einem verbesserten Ergebnis führt.

In den 1930er Jahren wurden in der wissenschaftliche Literatur immer wieder Analysen des Entwicklungspotenzials des Waldlandes Kanadas und Alaskas durchgeführt. Der Grundtenor dieser Analysen und Studien ist, dass das boreale Waldland Kanadas über große Areale erschließungsfähigen Acker- und Weidelandes verfügt. Grundsätzlich ist festzuhalten, dass dieser Siedlungsraum als Ausweichraum für großen Bevölkerungsdruck konzipiert worden war (vgl. Siedlungsgrenzenmodell von Mackenroth). Die Pläne der agrarkolonisatorischen Erschließung des kanadischen borealen Waldlandes sind der Ernüchterung gewichen. Die Agrarkolonisation nahm in Kanada eine besondere Rolle ein. Nicht Landwirtschaft, sondern bergbauliche Ressourcen, Forstwirtschaft und Tourismus sind aus der heutigen Sicht ökonomisch sinnvolle Inwertsetzungen. Die Ausweitung des gewerblichen und des Dienstleistungssektor sind Begleiterscheinungen dieser Entwicklung.

Der Clay Belt und das Peace River Country gelten als die besten und bekanntesten Vertreter der Ackerbaufrontier im nordamerikanischen Raum (vgl. Ehlers, 1984, S. 8), vor allem bei Geographen, die über die Genese der sozialen und wirtschaftlichen Struktur von Grenzräumen der Ökumene (vgl. Ehlers, 1965, vgl. Hottenroth, 1968) forschten. Über die beiden Gebiete ist im deutschsprachigen Raum viel Literatur vorhanden, die betreffenden kleinräumigen Fallstudien sind explizit und detailliert ausgearbeitet worden. Das PRC kann laut Ehlers (2003) außerdem als Prototyp für Entwicklungsmodelle der Ackerbaufrontier betrachtet werden. Aus diesem Grund werden die beiden Siedlungsräume einer genaueren Analyse unterzogen.

3.1.1 Der Clay Belt in den Provinzen Ontario und Quebec

Der Clay Belt erstreckt sich über eine Fläche von 157.000 km², wovon aber nur 8.000 km² als Siedlungsgebiet geeignet sind, und verteilt sich auf die Provinzen Ontario und Quebec, siehe Karte 2. Der Clay Belt befindet sich rund 400 km nordwestlich von Ottawa. Der Name leitet sich von dem in großen Gebieten abgelagerten Ton ab. Der Clay Belt liegt geographisch wie das Peace River Gebiet im kanadischen borealen Waldland, und zwar in der den Kontinent durchziehenden Mischwaldzone (vgl. Hottenroth, 1968, S. 18).

Die von der Landwirtschaft genutzten Tonböden befinden sich im Norden und äußersten Süden. Geologisch wird der glazial geprägte Clay Belt vom kanadischen Schild eingenommen. Der Clay Belt liegt im Einflussbereich des subarktischen

Klimas. Die Jahreszeiten sind nicht gleichmäßig ausgeprägt. Der Frühling tritt kaum in Erscheinung. Der Sommer dauert von Mitte Mai bis Ende September und bietet günstige Temperaturen, lange Sonnenstunden und hohe Sommerniederschläge und damit gute Voraussetzungen für die Landwirtschaft. Die Erntezeit im September ist aber durch die hohen Niederschläge gefährdet. Der Clay Belt hat ausreichende Niederschläge, die vom Westen nach Osten zunehmen. Bedingt durch die Niederschlagsverteilung nimmt auch klimatische Ungunst nach Osten zu (vgl. Hottenroth, 1968, S. 18). Zunächst durch forstwirtschaftliche und bergbauliche Maßnahmen erschlossen, hat sich diese Region seit dem 1. Weltkrieg zu einem wichtigen agrarischen Pionierraum des östlichen Kanada entwickelt.

Karte 2: Der Clay Belt in Kanada

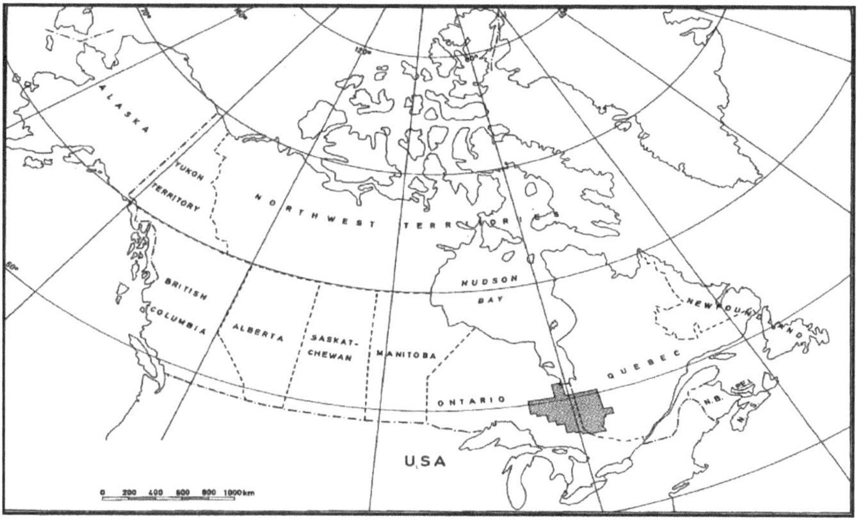

Quelle: Hottenroth, 1968, S. 8

Der Clay Belt bestand zuerst aufgrund der zahlreichen Lagerstätten aus einer forstwirtschaftlichen und bergbaulichen Frontier. Im Quebec-Teil zeigt sich die Ausbildung des erschlossenen Raumes entlang der Linienführung der Eisenbahn. Die städtischen Zentren Timmins und Val d'Or befinden sich in beiden Provinzen im Bergbaugürtel. Trotz der deutlich räumlich abgegrenzten Lage zur Siedlungszone Südkanadas ist die Verkehrsanbindung sehr günstig (vgl. Hottenroth, 1968, S. 10). Der Clay Belt hat daher eine kurze Entfernung zu den kanadischen Kernräumen mit einem gut ausgebauten Verkehrsnetz.

Ontario und Quebec verfolgten unterschiedliche Pläne bei der Erschließung beziehungsweise der Kolonisation des Clay Belts. Während in Ontario vorwiegend wirtschaftliche Interessen ausschlaggebend waren, standen in Quebec religiös-soziale Überlegungen im Vordergrund (vgl. Hottenroth, 1968, S. 28). Verantwortlich für die Kolonisation im Great Clay Belt Quebecs waren die katholische Kirche und die Gesellschaft zur Förderung der Kolonisation. Die katholische Kirche zeigte starkes Engagement bei der Agrarkolonisation. Der Priester übernahm neben der seelsorgerischen Betreuung auch die technische Beratung der Kolonisten, somit konnte der Priester aufgrund der starken Stellung im katholischen Quebec maßgeblich die Struktur und Entwicklung der Agrarkolonisation beeinflussen. Die Wirtschaftsstruktur war einseitig auf die Landwirtschaft ausgerichtet. Somit wirkte die Kolonisation intensiv kulturraumbildend. Die Voraussetzungen für die Agrarkolonisation in Quebec waren geprägt durch eine sorgfältige Auswahl der Kolonisten durch kirchliche Institutionen und das Ministerium für Kolonisation. Der Einfluss der Kirche erstreckte sich über 17 Kolonisationsgesellschaften. Ein guter Leumund, gute körperliche Verfassung und Erfahrungen in der Landwirtschaft waren notwendig, um im Clay Belt siedeln zu können. Die Entwicklung der Kolonisation in Ontario erfolgte ohne behördliche Aufsicht und Anleitung. Das Kolonisationsgebiet umfasste jene Räume, in denen günstige Verkehrs- und Wirtschaftsbedingungen vorherrschend waren.

Auch in der Landvermessung kommt die unterschiedliche Landeinteilung in den beiden Provinzteilen des Clay Belts zur Geltung. In der Provinz Ontario wurde das in den USA bewährte Township-System in abgewandelter Form übernommen. Das Gebiet wurde in Quadrate mit den Maßen 9,6 mal 9,6 km eingeteilt.

Ein Township besteht aus 36 Sektionen. Eine Sektion entspricht ungefähr 259 ha Land. Eine Sektion wird in Viertelsektionen mit einer Fläche von 64,75 ha unterteilt. Dieses Vermessungssystem fördert zwar eine gleichmäßige Besiedelung, erschwert aber die Ausbildung einer dörflichen Siedlung, weil die Einzelhofsiedlung favorisiert wird. Die Konsequenz dieses Systems ist die Wüstungsanfälligkeit der Townships. Eine verlassene Farm führt fast immer zu Flur- und Hofwüstungen in unmittelbarer Nachbarschaft (vgl. Hottenroth, 1968, S. 36). Die Ursache liegt in der schlechten Straßenanbindung, die die notwendige nachbarschaftliche Hilfeleistung erschwert. Das in Quebec verwendete Vermessungssystem bietet bessere Voraussetzungen für eine dauerhafte Besiedelung, weil der Abstand zur nachbarlichen Farm kleiner als beim amerikanischen Township-System ist. Es erlaubt eine lineare Anordnung der Farmen und entspricht am ehesten der Hufensiedlung. Die Vermessung des Clay Belts erfolgte vor dem Eisenbahnbau und wurde schrittweise nach Bedarf in Richtung Norden ausgedehnt. Eine planmäßige koordinierte Form der Kolonisation wurde erst durch einen verkehrsmäßigen Anschluss ermöglicht.

Bergbau, Forstwirtschaft und Landwirtschaft waren im Clay Belt in den Provinzen Ontario und Quebec unterschiedlich ausgeprägt. Die Landwirtschaft hatte in Quebec einen höheren Stellenwert als in Ontario. Der Bergbau hatte keine stützende Funktion für die Agrarkolonisation. Der Bergbau erfordert im Allgemeinen qualifizierte Arbeiter und keine bäuerliche Bevölkerung, die nur saisonal erwerbstätig werden kann. Es war vorwiegend die Holzwirtschaft, die die Agrarkolonisation begünstigte (vgl. Hottenroth, 1968, S. 25). Holzwirtschaft und Landwirtschaft ergänzten sich in der Bedeutung für die Agrarkolonisation. Die frühe Holzindustrie förderte die Agrarkolonisation des Clay Belts, da die Kolonisten mit der natürlichen Ausstattung des Raumes vertraut gemacht wurden. Somit hatte die Holzwirtschaft zwar einen geringen Anteil auf die Entwicklung städtischer, aber einen wesentlichen Einfluss auf den Ausbau ländlicher Siedlungen. Durch diese optimale Verbindung konnte ein rasches Vordringen der Ackerbaufrontier erreicht werden. Vom Bergbau profitierte die Landwirtschaft nur über den Verkauf von Produkten an die wachsende Bevölkerung in den Bergbausiedlungen. Dieser Sachverhalt wurde auch in der deutschsprachigen Fachliteratur durch Hottenroth (1968) untersucht.

Die Kolonisationsleistung war in den Anfängen der Besiedelung des Clay Belts in Quebec kontinuierlich und gleichmäßig, weil dieser Teil von gesamtwirtschaftlichen Einflüssen unabhängig war. Während in der Wirtschaftskrise der 1930er Jahren die Zahl der Arbeitslosen erheblich anstieg, wurde in Quebec durch umfangreiche Subventionen und Landpolitik ein regelmäßiger Ausbau der Siedlungsgrenze erreicht (vgl. Hottenroth, 1968, S. 80). Mit der großen Anzahl an Arbeitslosen war es möglich, die Kolonisation voranzutreiben.

Der „Relief Land Settlement Plan" ist ein gutes Beispiel für staatliche Subventionen zur Zeit der Weltwirtschaftskrise in beiden Provinzen. Jeder Neusiedler erhielt 600 Cdn$, zu einem Drittel von der Bundes-, Provinzregierung und der örtlichen Verwaltung, um eine Farm zu errichten. Diese Form der Siedlungsgrenzenentwicklung ist nur erfolgreich, wenn simultan ein Siedlungskonzept dazu verwirklicht wird. In Ontario misslang der Siedlungsplan, weil eine Reglementierung mithilfe eines Siedlungsplanes der liberalen Landpolitik widersprach. Der Neusiedler wurde nicht durch Beratung unterstützt und war daher auf sich allein gestellt. Außerdem war die finanzielle Hilfe zu gering, um in zwei Jahren eine entsprechende Inwertsetzung der Kulturfläche zu erreichen. Drei Jahre nach dem Auslaufen des staatlichen Programmes hatten 95 % der Siedler ihr Land in Ontario wieder verlassen (vgl. Hottenroth, 1968, S. 84).

Die Ackerbaufrontier zog sich auf den Stand von 1931 zurück, also den Bereich vor der Implementierung des staatlichen Programmes. Die Kolonisation in Quebec war im gleichen Zeitpunkt erfolgreicher. Um die Abwanderungsrate klein zu halten, wurde im Jahr 1935 ein neues weitergehendes staatliches Unterstützungsprogramm, der „Vautrin Colonization Plan" initiiert. Der „Vautrin Colonization

Plan“ erwies sich im Gegensatz zum „Relief Land Settlement Plan“ als großer Erfolg und die Ackerbaufrontier konnte beträchtlich ausgeweitet werden (vgl. Hottenroth, 1968, S. 88). Der „Vautrin Colonization Plan“ umfasste eine tiefgreifende finanzielle Unterstützung und Beratungen. Bis in die 1960er Jahre galt der Clay Belt als ein Musterbeispiel der Siedlungsentwicklung. 1961 gab es vier Agrarregionen in Quebec und zwei Agrarregionen in Ontario.

Die tiefgreifende Umstrukturierung der Landwirtschaft begann in den frühen 1950er Jahren in beiden Provinzen. Es kam zu Verschiebungen in der Landnutzung, die sich im Ausbau der Fleischviehwirtschaft bemerkbar machten. Das kühlfeuchte Klima im Clay Belt begünstigte die Fleischviehwirtschaft (vgl. Hottenroth, 1968, S. 143).

In Ontario setzten dagegen zu einem früheren Zeitpunkt Abwanderungsprozesse ein. Der Rückgang der Landwirtschaft in den Bezirken des Clay Belts war stärker als beispielsweise der Gesamtdurchschnitt der Provinz Ontario. Als Beispiel diene die Anzahl landwirtschaftlicher Betriebe, die in der Provinz Ontario um 32 % abnahmen, die entsprechenden Werte für den Clay Belt Ontarios beliefen sich auf 60 %. Das gilt auch für die landwirtschaftlichen Betriebsflächen, der Rückgang für die gesamte Provinz Ontario beläuft sich auf 20 %. Die Förderung durch Kirche und Provinzregierung ließ die Siedlungsgrenze in Quebec expandieren, zu einer Zeit als in Ontario der Rückgang schon erkennbar war. Der Rückgang der Landwirtschaft ist im Clay Belt stark ausgeprägt. Die Zahl der Farmen im Clay Belt ging zwischen den Jahren 1966 und 1981 um 50 % zurück. In der Literatur wird dieser Zeitraum als die Konsolidierungsphase (vgl. 5-Phasen-Modell der Siedlungsgrenzenentwicklung von Ehlers) bezeichnet.

Die Stagnation ist somit nichts anderes als ein differenzierter Entmischungsprozess der Kulturlandschaftsentwicklung. Es kommt zu vielfältigem Flächennutzungswandel auf engstem Raum.

Der Vergleich der Jahre 1966 mit 1982 zeigt das anhand der Landnutzungsmuster. Folgende Veränderungen wurden dabei festgestellt:

- 1966 bereits aufgelassenes Land hat sich zu einem dichten Sekundärwald verdichtet
- 1966 aufgelassenes Land ist noch heute als solches erkennbar (wurde zwischenzeitlich genutzt)
- 1966 aufgelassenes Land ist heute wieder genutztes Kulturland
- 1966 als Wald ausgewiesenes Land wurde zwischenzeitlich gerodet und in Kulturland überführt
- 1966 als Acker- oder Weideland genutzte Areale wurden zwischenzeitlich aufgelassen.
- 1966 landwirtschaftlich genutzte Flächen werden heute noch genutzt (vgl. Ehlers, 1984, S.18).

Man kann festhalten, dass die Auflassung landwirtschaftlicher Nutzflächen an der Peripherie durch eine Ausweitung und Konsolidierung entsprechender Flächen im Kernbereich des Clay Belts kompensiert wurde. An der Peripherie dieser „Kernräume“ kam es trotz des allgemeinen Rückgangs des Kulturlandes zu geringfügigen Neurodungen des Waldes und damit zu einer Ausweitung landwirtschaftlicher Nutzflächen. Anhand der umfangreichen Arbeit von Hottenroth (1968) konnte auch das Siedlungsbild untersucht werden, wobei sich im Zeitraum von 1966 bis in die 80er Jahre ein tiefgreifender Wandel des Siedlungsbildes zeigte:

Kleinere Unterzentren stagnierten oder verloren an Bedeutung, größere Mittelpunktsiedlungen (sogenannte Towns) erfuhren ein beträchtliches räumliches Wachstum und eine Stärkung ihrer zentralen Funktionen. Es kam zum Zusammenbruch jener Bereiche, die sich an der Peripherie befanden, und diese isoliert gelegenen landwirtschaftlichen Nutzflächen und Siedlungen wurden aufgegeben. Die Landwirtschaft und die Siedlungen haben sich auf jene Kernräume zurückgezogen, die unmittelbare Ausgangspunkte der kolonisatorischen Erschließung des Clay Belts in Quebec waren.

3.1.2 Peace River Country in der Provinz Alberta

Das Peace River Country (vgl. Karte 3) gilt als der Pionierraum par excellence. Das Peace River Country nimmt innerhalb Kanadas eine Sonderstellung als agrarkolonisatorischer Pionierraum ein, der in der wissenschaftlichen Literatur eine intensive Bearbeitung erfahren hat. (vgl. Ehlers, 1984, S. 29).

Während Ehlers (2002) das Peace River Country im nördlichen Alberta als die letzte noch existierende Ackerbaufrontier Nordamerikas beschreibt, ist Wood (2006) gegensätzlicher Ansicht. Das PRC ist derzeit das einzige Gebiet in Kanada, dessen Ackerbaufrontier nahezu unverändert geblieben ist. Die Rahmenbedingungen für den Ackerbau im Peace River Country sind optimal. Das Peace River Country ist durch seine Parksteppen und offene fruchtbaren Schwarzerden für eine erfolgreiche Landwirtschaft geeignet. Im Peace River Country gibt es größtenteils offene Prärien und Bereiche von Waldgrasland. Das erleichtert die Inwertsetzung, anders als bei bewaldetem Terrain. Der Vorteil bei der Kulturnahme des PRC war, dass das Grasland kaum Schwierigkeiten bei der Rodung bereitete und damit einen unkomplizierten Anbau ermöglichte. Im Gegensatz zur Prärie muss allerdings doch etwas Wald gerodet werden, um Ackerbau zu betreiben. Das Peace River Country erstreckt sich über die Provinzen Alberta und Britisch Kolumbien. Die Waldböden sind weniger fruchtbar. Es bestehen Unterschiede im Bodenniveau, die man bei der Bearbeitung und beim Anbau landwirtschaftlicher Nutzpflanzen berücksichtigen muss. Weiters sind die klimatischen Bedingungen ungünstiger als in den südlichen Bereichen der Prärieprovinzen.

Karte 3: Peace River Country in Alberta

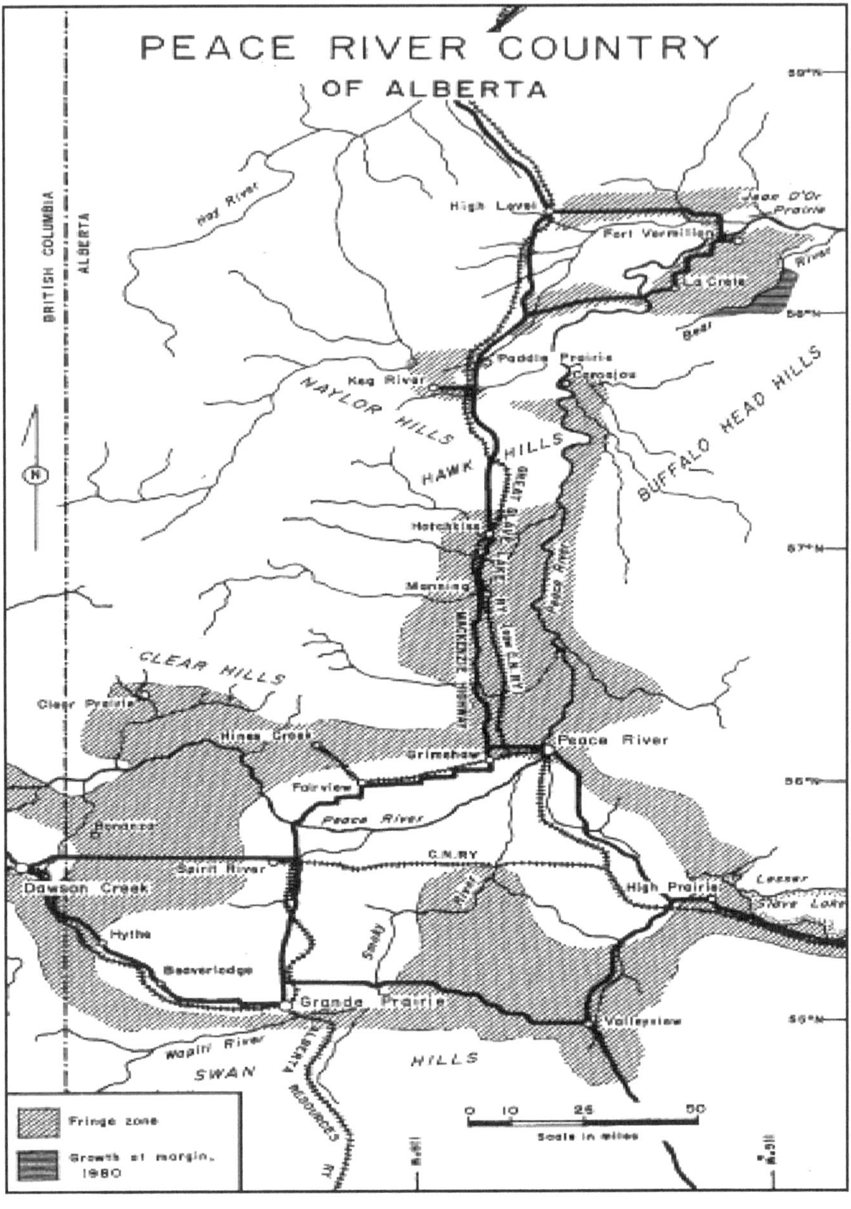

Quelle: Vanderhill, 1982, S. 207

Die Besiedlung begann 1910. Die Errichtung einer Eisenbahn von Edmonton nach Nordalberta verbesserte nicht nur den Transport der landwirtschaftlichen Produkte in die Kernräume, sondern ermöglichte auch die schnelle Besiedelung des PRC. Bis zur Mitte der 1960er Jahre war das PRC das aktivste agrarische Gebiet ganz Kanadas.

Ehlers verweist darauf, dass das PRC als Beispiel eines erschlossenen Pionierraumes gilt, der die volle kulturlandschaftliche Reife erreicht hat. Eine hochentwickelte, differenzierte und örtliche Infrastruktur sowie eine diversifizierte Wirtschaft mit einer stabilen Bevölkerungsentwicklung und Wachstumstendenzen bestätigen diesen Befund (vgl. Ehlers, 2002, 2003).

Auch für das PRC gelten die Merkmale des Strukturwandels des Kulturlandschaftsumbaus, die sich folgendermaßen charakterisieren lassen: Es kommt zur Konsolidierung der bestehenden Farmen durch Rodungen, zu marktorientierter Extensivierung der Landnutzung, einer Neuordnung des zentralörtlichen Siedlungsnetzes durch Konzentration der Funktionen auf wenige urbane Zentren bei gleichzeitiger Stagnation und dem Wüstfallen historischer Siedlungskerne aus der Pionierphase der ersten Hälfte des 20. Jahrhunderts. Es kommt zur Ausweitung der sozioökonomischen Basis durch die Entwicklung neuer nicht-agrarer Sektoren der Wirtschaft. Zu diesen zählen die Forstwirtschaft, Bergbau und insbesondere die Erdöl- und Erdgaswirtschaft mit dem Ölsand.

Tabelle 1: Nutzpflanzen und Anbaufläche NADC-Region, 2001

Nutzpflanze	**Anbaufläche in der NADC-Region in ha**	**Anteil an NADC-Region**	**Anbaufläche in Alberta in ha**	**Anteil der Anbauflächen der NADC-Region an ganz Alberta**
Weizen	1.060.251	21,0%	6.852.596	15,0%
Hafer	348.837	7,0%	1.364.674	26,0%
Gerste	553.009	11,0%	4.902.090	11,0%
Roggen	7.674	0,2%	117.138	7,0%
Raps	768.003	15,0%	2.660.509	29,0%
Flachs	10.077	0,2%	40.219	25,0%
Luzerne	1.113.334	22,0%	3.915.607	28,0%
Erbsen	100.893	2,0%	608.217	17,0%
Futtermittelsamen	347.158	7,0%	409.251	85,0%

Quelle: Northern Alberta Development Council, 2005, S. 28

Im PRC werden Weizen und Gerste angebaut sowie Alfalfa und Canola, eine ölhaltige Rapspflanze, siehe Tabelle 1. Die Zahlen in Tabelle 1 beziehen sich auf den „Census of Agriculture“ und die NADC-Region, von welcher das PRC nur ein Teil ist. Wegen des geringen Proteingehaltes des im Norden kultivierten Weizens spielt der Weizenanbau keine vorrangige Rolle mehr. Erschwerend kommen die hohen Transportkosten und die Frostgefahr hinzu. Je größer die Weizenüberschüsse im mittleren Westen, desto mehr stagnierte die Anbaufläche im PRC (vgl. Lenz, 1965, S. 140). Trotz der widrigen Bedingungen nimmt der Weizenanbau eine große Fläche in der NADC-Region in Anspruch, siehe Tabelle 1. Der Fokus heute liegt auf Futtermittelanbau, Raps und Luzerne.

Im Jahr 1961 waren im nördlichen Peace River Country weite Teile durch eine aktive Agrarkolonisation geprägt. Das Mennoniten-Township in La Crete zeigt eine Sonderstellung im nördlichen Peace River Country, weil dort eine extrem aktive Agrarkolonisation betrieben wird. Das klassische Beispiel einer kulturraumfüllenden Agrarkolonisation stellt der gesamte Raum im nördlichen Peace River Country zwischen High Level und Fort Vermillion und Keg River dar. In diesem Raum ist nach 1961 die Besiedelung von Waldflächen freigegeben worden, so dass dieses Gebiet heute zu einem geschlossenen Siedlungs- und Agrar-Wirtschaftsraum zusammengewachsen ist. Ein charakteristisches Merkmal sind asphaltierte Straßen zwischen den Orten.

Es wurde viel über die Ursachen spekuliert, wieso in diesem Gebiet die agrarkolonisatorischen Erschließungsmaßnahmen ungebrochen stattfinden. Mögliche Erklärungsansätze wären erstens die ökologischen, klimatischen und pedologischen Bedingungen des Raumes. Ein weiterer Erklärungsansatz könnte auch die verbesserte Verkehrsanbindung in Folge der Fertigstellung der Great Slave Lake Railway im Jahr 1964 sowie der Ausbau des Straßennetzes sein. Die mennonitische Bevölkerung stellt laut Ehlers eher die wahrscheinlichste Erklärung dar, warum sich dieser Raum im Vergleich zu anderen Räumen so gut entwickelt hat (vgl. Ehlers, 1984, S. 36). Es kam zu einer ständigen Betriebsvergrößerung der mennonitischen Farmen, weil landwirtschaftliche Nutzflächen durch die Abwanderung von traditionsbewussten Gläubigen nach Zentralamerika frei wurden.

Zusammenfassend ist zu sagen, dass im PRC die Entwicklung landwirtschaftlicher Betriebs- und Nutzflächen wie in anderen Teilen Kanadas typisch verläuft. Trotz einer rückläufigen bzw. stagnierenden Zahl von Betrieben, die eine geringfügig ausweitende landwirtschaftliche Betriebs- und Nutzfläche bearbeiten, ist die Landwirtschaft prägend für das PRC. Trotz des Strukturwandels gilt das PRC noch immer als die letzte Ackerbaufrontier des nordamerikanischen Kontinents (vgl. Ehlers, 2002, S. 45).

3.2 Kanadische Bergbau- und Forstwirtschaftsfrontier

Kanada ist eine der führenden Bergbaunationen weltweit (vgl. Steinecke, 2000, S. 12). Hinsichtlich der wichtigsten Bergbauprodukte ist Kanada nahezu autark.

Die Bodenschätze haben entscheidend zur Erschließung des kanadischen Waldlandes beigetragen. Der Bergbau in der kanadischen Borealis befindet sich nicht mehr im Frontier-Zustand und hat sich zu einem integrierten und wichtigen Teil der kanadischen Wirtschaft gewandelt (vgl. Steinecke, 2000, S. 28).

Karte 4: Bergbau in Kanada 2000

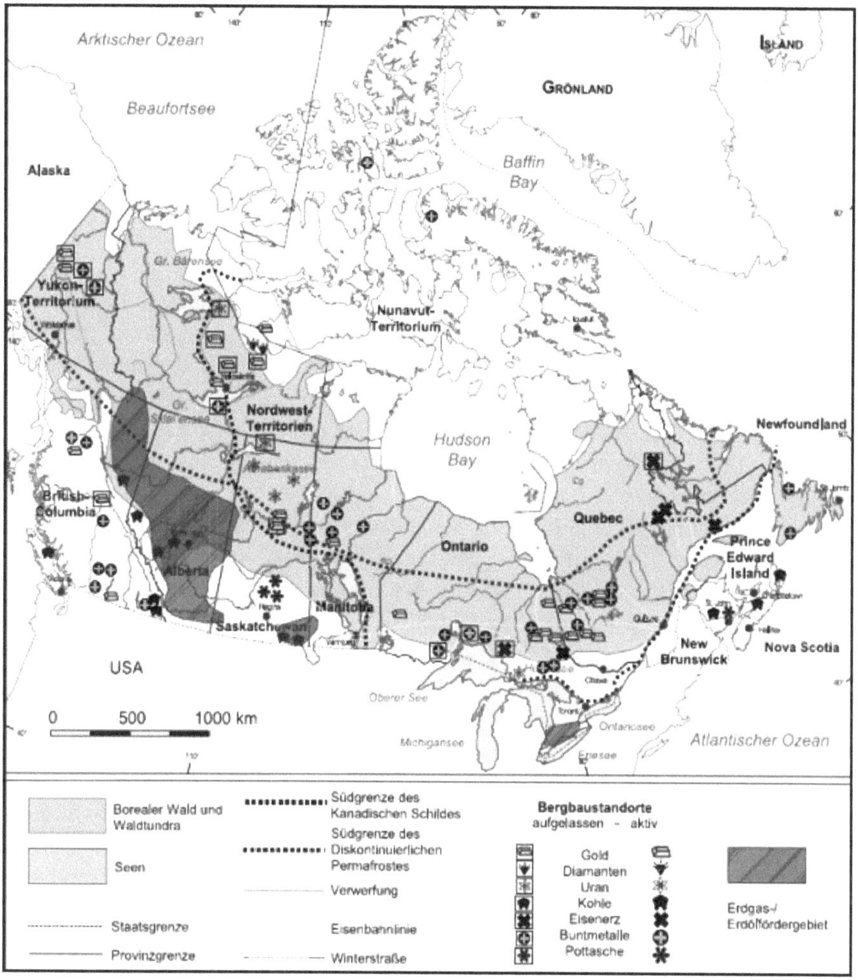

Quelle: Steinecke, 2000, S. 29

Wie man Karte 4 entnehmen kann, sind die Rohstoffe über das gesamte boreale Waldland Kanadas verteilt. Die Bergbaufrontier unterscheidet sich von der Ackerbaufrontier dadurch, dass sie nicht großflächig auftritt, sondern auf jene Gebiete beschränkt ist, in denen Rohstoffe vorhanden sind. Die Bergbaufrontier ist im Gegensatz zur Ackerbaufrontier jüngeren Ursprungs.

Die Geschichte der kanadischen Bergbaufrontier beginnt mit dem Goldrausch am Yukon 1890, davor gab es kaum bergbauliche Aktivitäten. Mit dem Bau von Eisenbahnlinien kam es zur weitgehenden Erschließung von Lagerstätten und mit dem späteren Einsatz des Flugzeuges wurden auch schwer zugängliche Rohstoffvorkommen im Norden Kanadas erschlossen. Diese Entwicklung beschleunigte die Expansion der Bergbaufrontier. Im 20. Jahrhundert wurde es mit der Verbreiterung des geologischen Wissens über Lagerstätten, mit der Methodik der Fernerkundung sowie auch der zivilen Luftfahrt möglich, auch an peripheren Standorten eine gewinnbringende Erschließung, Förderung und Aufbereitung mineralischer Rohstoffe zu beginnen.

Die Förderung war anfänglich auf wertvolle Edelmetalle beschränkt, die in kleinen Mengen abgebaut wurden und kostengünstig in den Süden gebracht wurden. Für jene Lagerstätten, die weniger wertvolles Material abbauten, war ein Anschluss an eine Eisenbahnlinie essenziell. Als Beispiel dienen die Kupfer-/Zink-Lagerstätten in Nordmanitoba, die um 1930 nach der Errichtung einer Eisenbahnlinie für den Transport von landwirtschaftlichen Produkten erschlossen werden konnten.

Gegenüber der Ackerbaufrontier besteht bei der Bergbaufrontier ein weiterer Unterschied: Die Bergbaufrontier unterliegt den Boom- und Bust-Phasen, die durch externe Prozesse wie Rohstoffpreise bestimmt werden. Die Rentabilität der Bergwerke in der kanadischen Borealis ist nicht nur von den Marktpreisen am Weltmarkt abhängig. Der Bergbau in der kanadischen Borealis steht grundsätzlich vor technischen Schwierigkeiten. Die hohen Produktionskosten entstehen durch die langen Transportwege und die durch die klimatischen Verhältnisse erschwerten Abbaubedingungen wie Permafrost, winterliche Kälte und lange Dunkelheit im Winter. Diese klimatischen Verhältnisse sind auch verantwortlich dafür, dass Eingriffe in das Landschaftsbild auch noch nach Jahrzehnten an den bergbaulichen Narben erkennbar sind.

Die wichtigsten Bergbauregionen an der Siedlungsgrenze sind die Ölsandvorkommen in der Provinz Alberta, die Uranerzvorkommen in Nordsaskatchewan, die Buntmetallindustrie in Nordmanitoba und Saskatchewan (Flin Flon, Thompson) und die Eisenerzvorkommen in Labrador (Shefferville, Labrador City). Es gibt weitere Bergbauzentren entlang der pazifischen Küste und in den Gebirgsbereichen der Provinz British Kolumbien.

Der kanadische Bergbau hat eine herausragende Stellung, da er auch in Bereiche vordringt, in denen arktische Verhältnisse vorherrschen. Als Beispiel dafür dient die Polaris Mine auf 71° nördlicher Breite in Nuunavut, welche Zink und Blei fördert. Sie gilt als eine der nördlichsten Bergbausiedlungen der Welt. Eines der größten Probleme ist die Unzugänglichkeit des Waldgürtels, der kaum von Straßen- oder Eisenbahnlinien erschlossen ist. Während man Bodenschätze mit modernen Methoden vom Flugzeug aus leicht ausfindig machen kann, ist die genauere Analyse gefundener und vermuteter Bodenschätze in Bezug auf ihre Abbauwürdigkeit sehr kostenintensiv. Abgesehen von den Erschließung- und Explorationsmaßnahmen für eine eventuelle Errichtung und Betrieb einer Bergwerksanlage in einem unbesiedelten Raum, muss die komplette Ausrüstung, Personal und Verbrauchsmaterial eingeflogen werden. In wenigen Fällen kann der künftige Bergwerksstandort über den Landweg an besiedelte Regionen angeschlossen werden (vgl. Steinecke, 2000, S. 30). In höheren Regionen können Material, Maschinen und Menschen nur über Winterstraßen transportiert werden. Im Sommer ist dies aufgrund des tauenden Permafrostes und der in diesem Klima typischen Feuchtgebiete, Seen und Flüsse nahezu unmöglich.

Die Bergbaufrontier befindet sich im borealen Waldland des kanadischen Nordens zum Teil an der Grenze des diskontinuierlichen Permafrostes. Der Permafrost ist in der Inwertsetzung der Bodenschätze ein wesentlicher Kostenfaktor, da er die Förderung von Bodenschätzen im Tag- wie im Untertagebau erschwert. Durch Auftauprozesse können Bodenbewegungen entstehen, die zu Einstürzen und Instabilitäten führen. In Bereichen mit Permafrostboden kann es zu Auftauprozessen (Thermokarsterscheinungen) kommen.

70 % der über 500 existierenden Bergwerke Kanadas liegen im borealen Waldland und im Übergangsbereich zur Tundra (vgl. Steinecke, 2000, S. 28). Die große Mehrheit der Bergwerke hat eine relativ kurze Lebensdauer, was in ökologischer und soziökonomischer Hinsicht nicht unproblematisch ist. Die Stilllegung von Bergwerken steht nicht nur im Zusammenhang mit der Erschöpfung der Lagerstätte, sondern auch mit den Weltmarktpreisen. Sinken Weltmarktpreise, ist es nicht rentabel, eine Mine weiter zu betreiben, schon aufgrund der langen Transportwege und der damit verbundenen Transportkosten. Es ist ein Merkmal der wechselhaften Bergbauwirtschaft Kanadas, dass Minenstilllegungen teilweise durch Wiederinbetriebnahme älterer Einrichtungen oder neue Minen aufgefangen werden.

Ein relativ großer Teil der geförderten Produkte wird exportiert. 2009 betrug der Wert der in Kanada geförderten Bergbauprodukte einschließlich fossiler Brennstoffe ca. 120 Mrd. Cdn$ (vgl. BMWFJ[5], 2011, S. 47). Kanada war bis

5 Bundesministerium für Wirtschaft, Familie und Jugend.

2008 weltweit führend bei der Förderung von Uran und wurde 2009 durch Kasachstan abgelöst (vgl. BMWFJ, 2011, S. 247). Bei der Goldproduktion liegt Kanada auf Rang 8 mit rund 4 % der weltweiten Förderung (vgl. BMWFJ, 2011, S. 218). Toronto wird als der Finanzplatz für den Bergbau betrachtet. An der Toronto Stock Exchange sind mehr als 400 Unternehmen gelistet, die im Bergbau und in der Exploration tätig sind (vgl. The Mining Association of Canada, 2008, S. 7).

Die Dominanz der Ackerbaufrontier ist aufgrund des Strukturwandels in den letzten Jahrzehnten zu Ende gegangen. Forstwirtschaft und Bergbau haben der Landwirtschaft den Rang abgelaufen.

3.2.1 Clay Belt in den Provinzen Ontario und Quebec

Die Geschichte der Bergbaufrontier im Clay Belt beginnt mit der zufälligen Entdeckung von umfangreichen Silbervorkommen während des Eisenbahnbaus im Jahr 1904 (vgl. Hottenroth, 1968, S. 55). Die ursprüngliche Ackerbau- und Forstwirtschaftsfrontier wurde um die Bergbaufrontier erweitert.

Die im Clay Belt auftretenden Bergbaustädte entsprechen der typischen Struktur einer Boom-Town. Die Bergbaufrontier prägte nur die Standorte der Förderung und die städtische Umgebung.

Folgende Merkmale charakterisieren den besonderen Typ der Bergbaustadt:

- Die räumliche Lage der Bergbaustadt ist an den Standort der Erze gebunden.
- Die Bevölkerungsentwicklung ist direkt abhängig von der Förderung der Bergwerke. Schwankungen des Weltmarktpreises führen zu beträchtlichen Fluktuationen innerhalb der Bevölkerung.
- Die wirtschaftliche Attraktivität der Bergbaustadt führt zu einer Bevölkerungszunahme.
- Bergbaustädte besitzen ein optimales Angebot an städtischen Einrichtungen und zentralen Funktionen.

Die Bergbaufrontier im Clay Belt der Provinz Quebec konnte sich in der Zeit von 1921 bis 1941 durch die Erschließung des Noranda-Val d'Or Bergbaureviers entfalten. Dies geschah vor allem mit anglokanadischem Kapital. Die Provinz Quebec war bis zu diesem Zeitpunkt an keiner Bergbaufrontier interessiert. Das Bergbaurevier zeichnet sich durch eine Konzentration städtischer Siedlungen aus, ein unregelmäßiges Wegenetz und einen signifikant hohen Anteil anglokanadischer Bevölkerung.

3.2.2 Peace River Country in der Provinz Alberta

Die Förderung von Ölsand und die Forstwirtschaft sind wichtige Wirtschaftsfaktoren für das nördliche Alberta und damit auch für das Peace River Country. Die Erdöl- und Forstwirtschaft hat zu Ungunsten der Landwirtschaft stark zugenommen und zu einer Ausdifferenzierung der zentralen Orte, einer Verdichtung der Verkehrsinfrastruktur und in weiterer Folge zu einem Ausbau des Öffentlichen Sektors geführt.

Karte 5: Forstwirtschaft im nördlichen Alberta 2004

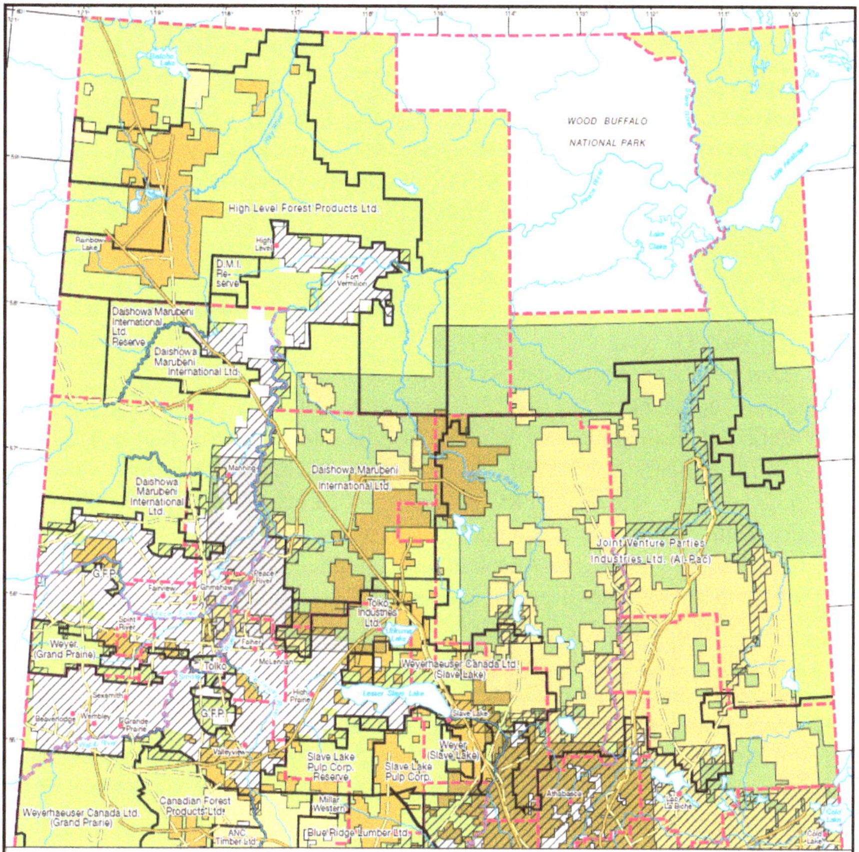

Quelle: Ehlers, 2004, S. 13

Die Provinz Alberta umfasst ungefähr 66 Millionen ha, davon sind 38 Millionen ha, d.h. ca. 57 % der Gesamtfläche bewaldet. Rund 90 % des Waldes befinden sich in der NADC-Region im nördlichen Alberta. Die Exporte forstwirtschaftlicher Produkte aus der Provinz Alberta umfassen 2,8 Mrd. Cdn$. Heute ist eine hochgradige kommerzielle Nutzung der borealen Waldbestände im PRC allgegenwärtig, wie man Karte 5 entnehmen kann. Das gesamte Waldgebiet des nördlichen Alberta ist in riesige Konzessionsgebiete unter internationalen Holzkonzernen aufgeteilt. Die größten in der Forstwirtschaft Albertas tätigen Unternehmen sind ALPAC, Weyerhaeuser, Daishowa Marubeni und International Paper. Die japanischen und die amerikanischen Märkte sind auf Papier und Zellulose ausgerichtet. Die Ausrichtung der Wirtschaft auf die Forstwirtschaft hat sich auf das soziale Gefüge des nördlichen Alberta ausgewirkt. Es gibt ein aus der Forstwirtschaft resultierendes Arbeitsplatzangebot, das einigen Farmern ganzjährig oder saisonal Nebenerwerbsmöglichkeiten bietet. Viele Farmer haben ihre Tätigkeit in der Forstwirtschaft zu ihrem Haupterwerb gemacht und die Landwirtschaft zu einem Nebenerwerb (vgl. Ehlers, 2002, S. 45). In Alberta sind 24.195 Personen in der Forstwirtschaft beschäftigt, davon entfallen auf die NADC-Region 15.419 Mitarbeiter (Stand 2001), dies ist ein Anteil von 64 % der Arbeitskräfte in Gesamtalberta.

Die wichtigsten Bergbaulagerstätten im kanadischen borealen Waldland sind die Erdöl- und Gasvorkommen sowie die Ölsandvorkommen im nördlichen Alberta. Das nördliche Alberta ist von einem entwickelten Straßennetz, Gas- und Ölpipelines durchzogen, in den Wäldern sind zahllose Aufbereitungs- und Pumpstationen zu finden. Über den Hub in Edmonton werden Erdöl und Erdgas in das nordamerikanische Pipeline-Netz eingespeist. Ergiebige Erdölfelder wurden in den 1950er Jahren im PRC entdeckt (vgl. Lenz, 1965, S. 197). Im PRC befinden sich außerdem bedeutende Eisenerz-Lagerstätten, die wegen der ungünstigen Lage eine rentable Ausnutzung unmöglich machen. Im PRC befindet sich die kleinste der drei Ölsandlagerstätten auf einer Fläche von 8.000 km² mit einer durchschnittlichen Tiefe von 300-770 m.

Golfplätze sind zu einer ubiquitären Erscheinung im nördlichen Alberta geworden. Auch das Downhill Skiing hat als touristisches Konzept an Bedeutung gewonnen. Der Ausdruck eines neuen Lebensstils hat die soziale Struktur des Peace River Country grundlegend verändert, wenn man die Freizeitorientierung betrachtet, die es zur Zeit der frühen Pioniere und Siedlern gar nicht gegeben hat. Freizeit im Sinne von Unterhaltung, Erholung oder Sport war den Pionieren unbekannt (vgl. Ehlers, 2002, S. 158).

3.3 Der Clay Belt und Peace River Country im Vergleich

3.3.1 Historischer Aspekt

Beide Agrarräume sind in der historischen Entwicklung vergleichbar. Die kulturlandschaftliche Erschließung beider Räume begann in den frühen Anfängen des 20. Jahrhunderts. Während das Clay Belt vorwiegend von Frankokanadiern, angelsächsischen Kanadiern und Immigranten besiedelt wurde, war das PRC Ziel osteuropäischer und amerikanischer Immigranten.

In der strukturellen Entwicklung zeigen sich ebenfalls unterschiedliche Ausprägungen zwischen dem Clay Belt und dem Peace River Country (PRC). Die historische Entwicklung beider Agrarräume lässt sich vergleichend in jeweils drei Phasen darstellen. Hottenroth (1968) unterteilt die historische Entwicklung für den Clay Belt folgendermaßen:

1. die frühe Kolonisationsphase von 1904 bis 1920
2. eine Periode der Siedlungskonsolidierung und des Wirtschaftsausbaus 1921-1941
3. die Phase zwischen 1941 und 1961.

Auch für das PRC gibt es eine Dreiteilung laut Ehlers (1984):

1. Phase: kulturraumbildende Kolonisation in den Jahren 1910-1921 im Bereich der Prärien
2. Phase: kulturraumfüllende Kolonisation von 1921-1941 im Bereich besserer Böden
3. Phase: kulturraumfüllende Kolonisation 1941-1961 im Bereich schlechterer Böden und peripherer Standorte

3.3.2 Räumlicher Aspekt

Der Clay Belt, der rund 500 km vom Kernraum Toronto-Montreal entfernt ist, wurde besonders beeinflusst durch die relative Nähe zum Sankt Lorenz-Tal und zur Ontario-Halbinsel. Die bergbauliche und forstwirtschaftliche Erschließung und die Selbstversorgung der Region erlaubte eine enge räumliche Anbindung an die Kernräume beider Provinzen. Das PRC ist auch räumlich isoliert, verfügt aber nicht über die verkehrstechnische Anbindung und auch nicht über ein bevölkerungsreiches Hinterland wie im Fall des Clay Belts. Edmonton mit seinen ca. 500.000 Einwohnern liegt in der Nähe, doch dieser Ballungsraum ist zu klein, um auf die wirtschaftliche Entwicklung und Struktur im Peace River Country Einfluss zu nehmen. Festzuhalten ist, dass ein Kulturlandschaftsumbau stattgefunden hat, hin zu einer stärker freizeitorientierten Nutzung. Wie stark der Wandel zu freizeitorientierten Dienstleistungen ist, kann anhand der Aussage von Ehlers (1984) nachvollzogen werden, der feststellte, dass eine Freizeitorientierung im PRC nicht vorhanden ist, weil sich diese in der Provinz Alberta nach Westen auf die Rocky Mountains und die Provinz Britisch Kolumbien richte. Diese Aussage von Ehlers (1984) ist mittlerweile überholt. Es ist eine Freizeitorientierung feststellbar (Ehlers 2002): es gibt mehr Sportarenen, Eislaufplätze und Schwimmbecken in größeren Gemeinden wie Peace River und Manning, es gibt Golfplätze und Skiregionen neueren Ursprungs. Der Kulturlandschaftswandel ist so weit fortgeschritten, dass die Freizeitorientierung im nördlichen Alberta keinen Seltenheitswert mehr darstellt.

Das PRC ist im Gegensatz zum Clay Belt nicht auf autarke Selbstversorgung ausgerichtet, sondern auf marktorientierten Getreide- und Ölpflanzenanbau. Ein räumlicher Aspekt des Clay Belts ist, dass auf Grund des starken Bevölkerungsdruckes in der Provinz Quebec wegen der außergewöhnlich hohen Geburtenraten der Frankokanadier Räume besiedelt wurden, deren Böden nie bebaut werden hätten dürfen (vgl. Schott, 1978, S. 105). Diese Böden waren meist zu feucht um Landwirtschaft zu betreiben und wurden nach einiger Zeit von den Kolonisten aufgegeben.

3.3.3 Struktureller Aspekt

Das PRC war von Anfang an eine Ackerbaufrontier und ist es bis in die 1960er Jahre geblieben. Die Landwirtschaft im PRC ist marktorientiert, während im Clay Belt die Bedarfsdeckung im Vordergrund gestanden ist. Das Clay Belt war ursprünglich als eine Ackerbaufrontier und Forstwirtschaftsfrontier erdacht worden, erst durch die Entdeckung der Silberlagerstätten während der Errichtung der Eisenbahnlinie kam die Bergbaufrontier dazu. Das PRC entspricht den idealtypischen Vorstellungen eines agrarisch strukturierten Pioniergrenzraumes, da die Landwirtschaft die dominierende wirtschaftliche Betätigung der Bevölkerung darstellte, zumindest bis 1971 (vgl. Ehlers, 1984, S. 56). Gegen Ende der 1960er Jahre entwickelten sich neben der Entwicklung der Forstwirtschaft und auch der beginnenden Erschließung des Ölsandes neue wirtschaftliche Aktivitäten. Der durch die konventionelle Förderung von Erdöl und Erdgas ausgelöste Strukturwandel ist nicht regionalwirtschaftlich wirksam geworden und hat den Charakter des PRC als Ackerbaufrontier nicht in dem Maße beeinflusst, weil die Ölfirmen ihre Hauptquartiere außerhalb der Region haben. Die Einkommen sind nicht in der Region geblieben.

Es lässt sich zusammenfassend sagen, dass der Clay Belt und das PRC verschiedene Typen der kanadischen Waldlandfrontier repräsentieren. Im PRC hat ein freizeitorientierter Kulturlandschaftsumbau stattgefunden. Der Clay Belt und das PRC haben mit der Zeit unterschiedliche Konstellationen verschiedenster Typen kanadischer Waldfrontier durchlaufen. Generell ist festzuhalten, dass der Bevölkerungsdruck auf die Frontier durch Abwanderung, Industrialisierung und durch vermehrte Urbanisierung nachgelassen hat. Das führte zu einem Kontraktionsprozesses der Siedlungsgrenzen (vgl. Ehlers, 1984, S. 57).

Bis zum 2. Weltkrieg waren Landwirtschaft und Bergbau die führenden wirtschaftlichen Aktivitäten im Clay Belt. Laut Hottenroth (1968) waren im Jahr 1941 83 % aller Beschäftigten im landwirtschaftlichen Bereich tätig und 78 % in jenem Teil des Clay Belts, der in Ontario liegt. Nach dem 2. Weltkrieg ist diese Dominanz des primären Wirtschaftssektors erheblich reduziert worden, das ist anhand der Reduktion der Farmen belegbar. Das Wachstum öffentlicher Dienstleistungen bewirkt eine Konzentration eines größer werdenden Teils der Bevölkerung in den städtischen Zentren des Clay Belts zusammen mit Industriebetrieben, Sägewerken und Zelluloseproduktion.

Der öffentliche und private Dienstleistungsbereich führt zu einem signifikant starken und schnellen Wachstum der zentralen Orte. Der ländliche Raum hingegen ist durch Abwanderung und einen Bevölkerungsrückgang gekennzeichnet. Diese Entwicklung trägt dazu bei, dass der Prozess der Einzelhofwüstung zunimmt und an die Stelle einer flächenhaften agrarischen Nutzung eine flächenhafte freizeitorientierte Nutzung tritt. Kleinere landwirtschaftliche Betriebe sind im Clay Belt zu Nebenerwerbsbetrieben und Hobbyfarmen geschrumpft.

Der Strukturwandel im PRC manifestiert sich genauso wie im Clay Belt an der Siedlungskonzentration und dem Wachstum der zentralen Orte. Die größeren Orte verzeichnen überdurchschnittliches Wachstum, anders die kleineren Ortschaften, die von Stagnation und Niedergang betroffen sind. Das Wachstum der größeren Siedlungen ist mit dem Ausbau und der Diversifizierung des Angebots an zentralen Einrichtungen und Diensten verbunden. Wie im Clay Belt ist auch im PRC der Gegensatz zwischen Einzelhofwüstung und Siedlungskonzentration feststellbar. Ein charakteristisches Merkmal für die zunehmende Freizeitorientierung ist die Zahl der Museen im PRC, die die Geschichte der Ackerbaufrontier der heutigen Generation näherbringen.

Den strukturellen Wandel beschleunigt hat auch die technische Revolution in der kanadischen Landwirtschaft nach dem 2. Weltkrieg. Die Technisierung begann schon vor dem 2. Weltkrieg. Das Pferd war bis 1941 die Hauptantriebskraft (vgl. Schott, 1978, S. 89). Nach dem Krieg vervielfachte sich die Zahl der Traktoren, Lastwagen und Mähdrescher. Es gab Unterschiede in den Regionen bezüglich der Technisierung. Das atlantische Kanada und die Provinz Quebec wurden als letztes von der Mechanisierung erfasst. Diese Technisierung hatte eine enorme Steigerung der Arbeitsproduktivität in den landwirtschaftlichen Betrieben zur Folge.

Zur Technisierung zählen auch die wissenschaftlichen Erfolge im Bereich der Pflanzenzüchtung und Schädlingsbekämpfung. Durch die zunehmende Mechanisierung und die verbesserten Rahmenbedingungen kam es zur gewaltigen Steigerung der Erträge in den einzelnen Betrieben, was zur Folge hatte, dass es notwendig wurde, eine optimale Größe des landwirtschaftlichen Betriebes zu erreichen. Die moderne Landwirtschaft erforderte immer größere Betriebsflächen mit möglichst gleicher Bodenqualität, damit sich die teuren Maschinen amortisieren konnten und die menschliche Arbeitskraft sinnvoll eingesetzt wurde. Es kam zu einem erhöhten Kapitalaufwand für diese Maßnahmen und damit zu einer Umstrukturierung der kanadischen Landwirtschaft. Jene Farmen, denen es nicht möglich war zu mechanisieren, wurden unrentabel und aufgegeben.

4. Der Ölsandabbau in der Provinz Alberta 1960-2010

Die Ölsandvorkommen im borealen Waldland Kanadas in der Provinz Alberta sind die größten nicht-konventionellen Öllagerstätten weltweit. Kanada nimmt bezogen auf die globalen Erdölreserven den zweiten Rang hinter Saudi Arabien ein: Saudi Arabien verfügt über Reserven von ca. 262 Mrd. Barrel, Kanada über 174 Mrd. Barrel (vgl. IMF, 2006, S. 5). Die Reserven Albertas teilen sich in 1,5 Mrd. Barrel konventionelles Erdöl und 170 (ERCB, 2010) bis 200 (Gerloff, 2003) Mrd. Barrel Ölsand auf, welche unter derzeitigen wirtschaftlichen und technischen Voraussetzungen gefördert werden können. Insgesamt hat der Ölsand ein Ultimate Potential von 315 Mrd. Barrel. Die Vorratsmehrung der Ölsandlagerstätten kann durch Ausweitung auf Lagerstätten geringeren Gehaltes aber auch durch technische Verbesserungen des Entölungsgrades erfolgen (vgl. Hofmayer, 1991, S. 41). Beim Ölsand führen Preisänderungen und neue Technologien zu Änderungen der Vorratsmenge.

Abbildung 6: Ölsandvorkommen in Alberta 2010

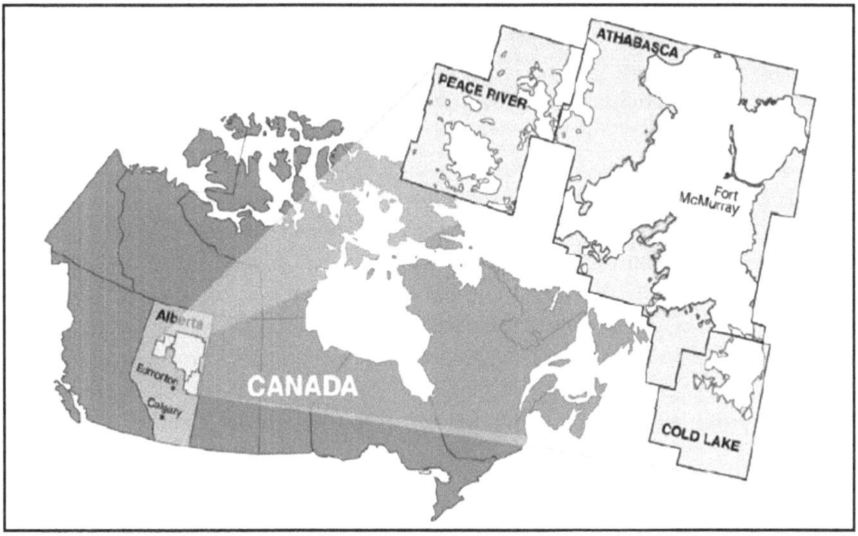

Quelle: ERCB, 2010, S. 41

Die Ölsandvorkommen Kanadas befinden sich in den drei Gebieten Athabasca, Cold Lake und Peace River, siehe Abbildung 6. Sie erstrecken sich über eine Gesamtfläche von 80.000 (vgl. Gerloff, 2003) bis 140.000 km^2 (vgl. Gerloff, 2008), wobei das Athabasca-Vorkommen mit einer Fläche von 40.000 km^2 nicht nur das größte, sondern auch das einzige Gebiet ist, in dem Ölsand im Tagebau gewonnen werden kann (vgl. Gerloff, 2003; vgl. Seifried, 1977).

Die Verarbeitung der Ölsande erfordert hohe Kapitalinvestitionen für die entsprechende Infrastruktur und Anlagen. Die Renaturierung bzw. Rekultivierung der ausgebeuteten Tagebauminen muss finanziell eingeplant werden. Die Produktion des synthetischen Rohöls aus dem Bitumen an der Siedlungsgrenze und der Transport des verdünnten Bitumens per Pipeline an die Erdölraffinerien im Süden der Provinz ist kostenintensiv. Die Förderung ist wegen steigender Weltmarktpreise wettbewerbsfähig geworden. Die Ölsande rücken unter dem Aspekt einer dauerhaften Versorgungsicherheit zunehmend in das Blickfeld nationaler und internationaler Erdölkonzerne.

4.1 Chronologie der historischen Entwicklung des Ölsandabbaus

Mehrmals in der Geschichte des Ölsandes stand die Entwicklung vor dem Ende, entweder durch politische Maßnahmen von Seiten der kanadischen Bundes- und Provinzregierung oder durch äußere Einflüsse wie billiges arabisches Erdöl oder den amerikanischen Ölschiefer. Erstmals wird Ölsand schriftliche vom englischen Forscher Henry Kelsey erwähnt, der für die Hudson Bay Company in der Ortschaft York Factory im Jahr 1719 arbeitete, wo ihm ein Cree-Indianer nicht nur über den Ölsand berichtete, sondern auch eine Probe mitbrachte. Peter Pond war der erste europäische Forscher, der die Athabasca-Region 1778 erforschte und den Ölsand schriftlich erwähnte. 1789 berichtete der Forscher und Entdecker Alexander MacKenzie in seinen Aufzeichnungen vom Ölsand.

Robert Bell von der Geological Survey of Canada vermerkte im Jahr 1884, dass die Flusssedimente des Athabasca bei einem gefundenen Bitumengehalt von 12-15 % eine unerschöpfliche Quelle für Öl darstellen und zog eine wirtschaftliche Ausbeute der vermuteten Asphaltseen durch Bohrungen in Erwägung. 1894 wurde eine solche Bohrung in Athabasca Landing und 1896 in Pelican Rapids durch den Geological Survey of Canada bis zu einer Tiefe von 600 m durchgeführt. Die Bohrungen blieben ohne Erfolg, es trat kein Erdöl aus der Quelle und somit wurde das Projekt verworfen.

In den 1920er Jahren entstand eine große Lücke zwischen Angebot und der Nachfrage nach Erdöl. In einem Zeitraum von nur 5 Jahren stieg die Anzahl der Automobile in den Vereinigten Staaten von 1,8 Mio. auf 9,2 Mio. Fahrzeuge.

Man begann in den Vereinigten Staaten, im Vereinigten Königreich und Kanada über die Entwicklung von Programmen zur Herstellung synthetischen Erdöls nachzudenken und sich nach alternativen Quellen für konventionelles Erdöl umzuschauen. So kam es aufgrund der steigenden Weltmarktpreise für Rohöl in den frühen 1920er Jahren zu einer intensiven Exploration in Lateinamerika und im Vorderen Orient. Das war der Auslöser für Explorationen und großer Entdeckungen in verschiedensten Bundesstaaten der Vereinigten Staaten.

1929 patentierte Dr. Karl Clark, ein Forscher der Universität von Alberta, den Heißwasserextraktionsprozess, ein Verfahren, das ermöglicht, das Bitumen vom Ölsand auf wirtschaftliche Art und Weise zu trennen. Mit dem Verfahren konnte 90 % des im Ölsand enthaltenen Bitumen extrahiert werden. Der Amerikaner Max Bell war der erste, der eine kommerzielle Anlage mit finanzieller Unterstützung der Provinz Alberta am Horse River errichtete. Mit Beginn der Wirtschaftskrise in den 1930er Jahren endete die finanzielle Hilfe seitens der Provinzregierung. Trotz des billigen Erdöls war es Abasand Oil möglich, bis ins Jahr 1941 durchgehend zu produzieren. 1941 wurde die Anlage durch ein Feuer zerstört, 1942 wieder errichtet und ein Jahr später unter Regierungsverwaltung gestellt.

Mit der Entdeckung konventionellen Erdöls bei Leduc um 1947 wurde Alberta zum konventionellen Ölproduzenten, die Förderung des Ölsandes rückte in den Hintergrund (vgl. Schröder, 1989, S. 46). Die Regierung Albertas der 1960er Jahre sah es als nicht vorrangig an, staatliche Investitionen in den Ölsand zu tätigen. Das Alberta Oil and Gas Conversation Board erlegte jenen Firmen, die Ölsand abbauen wollten, Restriktionen auf. Man befürchtete, dass das aus Ölsand gewonnene synthetische Öl mit dem konventionellen Erdöl konkurrieren würde. Das Erdöl aus Alberta war entsprechend teurer als Ölimporte, die USA restringierten das Erdöl aus Alberta mit einem Prozentsatz von 5 % der maximalen Produktion. Die konventionelle Erdölförderung war die treibende Kraft der Wirtschaft Albertas und eine wichtige Einnahmequelle der Provinzregierung durch Lizenzgebühren. In den 1960er Jahren betrachtete man Ölsand als eine zu teure Alternative, solange man nicht in der Lage war, synthetisches Rohöl zu billigeren Preisen herzustellen als konventionelles Rohöl. Die Provinzregierung hatte die Befürchtung, dass die Entwicklung des Ölsandes die Interessen der konventionellen Erdölproduzenten beeinträchtigen könnte.

Im Verlauf der Geschichte bestand mehrmals das Risiko, dass die Entwicklung des Ölsandes gegenüber dem Ölschiefer benachteiligt werden könnte, z.B. durch die Entdeckung der Ölschiefer in Colorado. Die Ölkonzerne waren daran interessiert, wegen des besseren Investitionsklimas synthetischen Treibstoff in den USA herzustellen. Es gab dort keinen Streit zwischen Provinz- und Bundesregierung. Die Ölkonzerne machten die Provinzregierung Albertas darauf aufmerksam, dass bei Beibehaltung des Status Quo die Unternehmen auf die Ölschiefer-Vorkommen in Colorado ausweichen würden. Nun ging es um die essenzielle Frage, ob Alberta oder Colorado der Ausgangspunkt der synthetischen Erdölerzeugung sein würde. Ob Ölsand oder Ölschiefer, es ging darum, schnell und wirtschaftlich die Förderung zu entwickeln; jener Staat, der die besten Rahmenbedingungen stellte, würde der klare Favorit sein (vgl. Chastko, 2004, S. 122). In den 1960er Jahren wurde Syncrude, ein Konsortium aus verschiedenen Ölfirmen, mit dem Ziel der technischen und wirtschaftlichen Erforschung des Ölsandes gegründet (Cities Service, Imperial Oil und Atlantic-Richfield).

Als erstes Unternehmen begann im September 1967 die GCOS[6], 30 km nördlich von Fort McMurray, den Betrieb mit einer erlaubten Kapazität von 7.150 m^3 oder auch 45.000 Barrel/Tag[7]. Es konnten zu Beginn aufgrund von auftretenden technischen Schwierigkeiten aber nur 2.400 m^3 Öl oder 15.000 bbl/d produziert werden. Auf Grund des Anlagendesigns wäre man in der Lage gewesen, wie erwähnt 7.150 m^3 pro Tag zu produzieren, bedingt durch technische Schwierigkeiten und Verzögerungen war bis zum Jahr 1968 nur eine Produktion von 24.000 bbl/d zu verzeichnen. Das Projekt war seinerzeit mit einem Investitionsvolumen von 250 Mio. Cdn$ das größte in Kanada. 1974 belief sich die Produktion auf 10.300 m^3 pro Tag, was 65.000 bbl/d entspricht. Die Ölproduktion der Vereinigten Staaten begann um das Jahr 1970 zu stagnieren, und das Öl aus Saudi-Arabien ersetzte jenes Öl, das vorher in Texas gefördert wurde (vgl. Chastko, 2004, S. 138).

Man begann in den frühen 1970er Jahren vermehrt Lobbyarbeit zu leisten, damit alle Restriktionen bzgl. des Ölsands aufgehoben wurden (vgl. Chastko, 2004, S. 145). Die Firmen, die an der synthetischen Erdölproduktion beteiligt waren, forderten dieselben Rechte wie jene, die konventionelles Erdöl und Erdgas förderten. Problematisch bei der Entwicklung des Ölsandes waren die kritischen Mängel im Bereich der verfügbaren Arbeitskräfte und des Materials sowie die höheren Kosten für den Transport der für den Abbau der Ressource benötigten Maschinen, Material und Personal. Die einzige gewinnbringende Technologie war die des Tagebaues, während die In-Situ-Methoden unrentabel waren. Ein weiteres Problem war die Inflation, die es unmöglich machte, die Kosten für die Errichtung von Anlagen korrekt abzuschätzen (vgl. Chastko, 2004, S. 146).

Während des Ölembargos 1973 verkündete Präsident Nixon das Projekt „Independence", ein Programm zur Herstellung von synthetischen Treibstoffen, das Amerikas Abhängigkeit von Erdölimporten stark reduziert hätte. Das Programm wurde vom Umfang her mit dem Manhattan-Projekt oder dem Apollo-Programm verglichen. Nixon war der Meinung, dass ein Programm dieser Art durch gemeinsam koordinierte Aktivitäten von Konzernen und Regierung erfolgreich sein

6 Great Canadian Oil Sands.

7 Umrechnungsfaktor 1 m^3 = 6,2898 Barrel.

könnte (vgl. Chastko, 2004, S. 158). Das Projekt „Independence“ stellte eine Bedrohung für die kanadische synthetische Erdölwirtschaft dar, weil es den Firmen finanzielle Anreize für die Erschließung amerikanischen Schieferöls in Aussicht stellte. Nun ging es in Kanada darum, die Rahmenbedingungen für Ölsand zu verbessern, denn die Investitionsbedingungen zur Entwicklung des Ölschiefers waren besser. Das Projekt Independence kam allerdings nie über das Planungsstadiums hinaus, weil Präsident Nixon unmittelbar danach in die Watergate-Affäre verstrickt war.

Trotz des Iran-/ Irak-Kriegs um 1980 fiel der Preis für Erdöl, weil die Ausfälle durch andere Erdölproduzenten ersetzt werden konnten. Der Preisverfall führte dazu, dass Firmen wie Imperial Oil oder Syncrude In-Situ-Projekte in Cold Lake suspendierten. 1982 sollte durch die Vereinfachung von Lizenz- und Steuergesetzen die Situation in der synthetischen Erdölproduktion entschärft werden. Die Produzenten synthetischen Erdöls verlangten Weltmarktpreise für ihr Produkt. 1990 markiert einen Neubeginn für die im Ölsand tätigen Unternehmen, denn Regierung und Industrie fokussierten ihre Aufmerksamkeit auf drei Bereiche: geregelte Rahmenbedingungen in Bezug auf das Steuersystem, technologische Entwicklung und die Suche nach neuen Märkten. Man kam zu der Überzeugung, dass Kanada ohne synthetisches Rohöl von Erdölimporten abhängig würde.

4.2 Die Methoden der Ölsand-Förderung

Es gibt zwei Methoden der Ölsandförderung: Abbau im Tagebau und In-Situ-Verfahren, siehe Tabelle 2. Beide Verfahren haben sowohl Vor- als auch Nachteile.

Es zeigt sich in Tabelle 2, dass kein optimales Verfahren zur Ölsand-Förderung existiert. Welches Verfahren angewendet wird, ist von der Mächtigkeit des Deckgebirges abhängig. Es gilt der Grundsatz, dass bei einer Mächtigkeit des Deckgebirges unter 75 m eine Tagebaumine rentabel betrieben werden kann. Rund 20 % der Ölsandvorräte liegen weniger als 75 m unterhalb der Erdoberfläche und können daher auch wirtschaftlich im Tagebau abgetragen werden. Die verbleibenden 80 % sind nur mit dem In-Situ-Verfahren erschließbar. Der Entölungsgrad ist beim Tagebauverfahren um 50 % höher als beim In-Situ-Verfahren. Im Vergleich mit der Tagebaumine haben alle In-Situ-Verfahren Vorteile wie geringe Flächeninanspruchnahme, geringe Personalintensität und geringere Kapitalintensität. Der Nachteil beim SAGD ist der Ausstoß an CO_2-Emissionen. Das vorrangige Ziel der Forschung ist es, den Erdgas- und Wasserverbrauch auf ein Minimum zu reduzieren. Außerdem soll der Entölungsgrad von derzeit 60 % erhöht werden.

Tabelle 2: Vergleich der Rohbitumenproduktion Tagebaumine mit In-Situ

	Tagebau	**In-Situ (SAGD)**
Deckgebirgemächtigkeit	< 75 m	> 150 m
Anteil an den Lagerstättenvorräten in % (170 Mrd. Barrel)	20	80
Rohbitumenproduktion 2009 in %	55	45
Entölungsgrad in %	> 90	<60
Wasserbedarf m³ / m³ Bitumen	2-3	ca. 0,5
kg CO2 / m³ SCO	820	1100
Flächenverbrauch in ha / 100.000 m³	5,9	0,88
Kapitalkosten	hoch	durchschnittlich

Quelle: Royal Society Canada, 2010, S. 51

Die ERCB (2010) erwartet, dass der Anteil des geförderten Rohbitumens aus dem In-Situ-Verfahren gegenüber der Tagebauweise ansteigen wird. Schon 2015 soll In-Situ die Mehrheit stellen und im Jahr 2019 soll mehr als 53 % des Rohbitumen aus dem In-Situ-Verfahren stammen, siehe Abbildung 7. Natürlich stehen In-Situ-Techniken vor Herausforderungen, dazu zählen die Verbesserung der Output-Raten und die Energieeffizienz. In den letzten 20 Jahren konnten signifikante Verbesserungen im Wasserverbrauch erreicht werden, von 3,5 Barrel auf 0,5 Barrel Frischwasser pro 1 Barrel Bitumen. Das entspricht einer Verbesserung von 600 %. Das größtenteils salzhaltige Wasser stammt aus Aquiferen und ist für den menschlichen Genuss nicht geeignet. Die derzeitigen In-Situ-Techniken sind in der Lage, 90 % des verwendeten Wassers wiederzuverwenden. Man braucht ungefähr 28 m³ Erdgas, um einen Barrel Bitumen produzieren zu können. Neue Technologien haben das Ziel, diesen Anteil zu verringern. Viele In-Situ-Produzenten arbeiten mit „Co-generation", das bedeutet, dass Gasturbinen Generatoren antreiben und elektrische Energie generieren und etwaige Überschüsse in das Netz einspeisen (vgl. Oil Sands Developers Group, 2009). Unabhängig von den verwendeten Verfahren, ob Tagebau oder In-Situ, sind alle Verfahren wasserintensiv. Während im Tagebau Flusswasser aus dem Athabasca verwendet wird, wird bei den In-Situ-Verfahren auf salzhaltiges beziehungsweise auf brackiges Wasser aus tiefgelegenen Grundwasserschichten zurückgegriffen.

Abbildung 7: Ölsandförderung Tagebau & In-Situ 1999-2009 & Prognose bis 2019

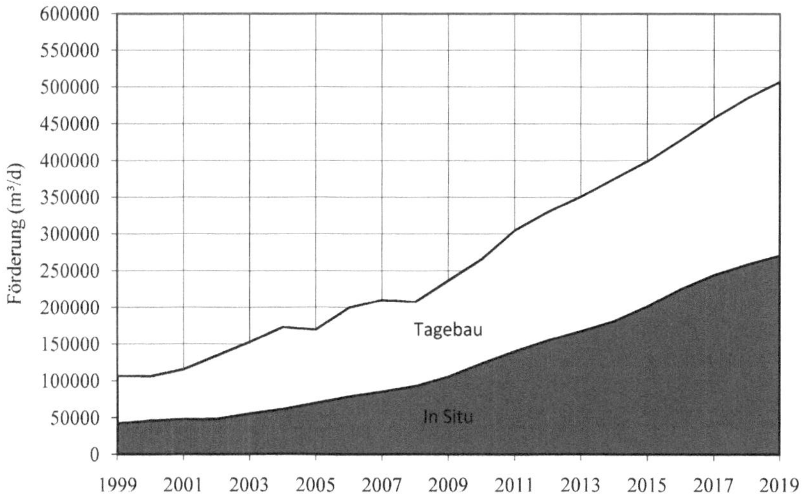

Quelle: Energy Resources Conservation Board, 2010, S. 64

Ein bizarrer Vorschlag für die Ölsandförderung stammt von der Richfield Oil Company aus dem Jahr 1958, wie man das Öl vom Ölsand trennen könnte. Unter dem Namen „Projekt Cauldron" war vorgesehen, einen 9.000 Tonnen nuklearen(!) Sprengkopf unterirdisch zu zünden, um damit das Bitumen zu verflüssigen. Dieser Vorschlag wurde von allen Ebenen der Regierung als seriös betrachtet. Es wurden sogar Tests in Nevada durchgeführt, bevor die kanadischen Autoritäten diese Idee schlussendlich verwarfen.

4.2.1 Tagebau

1920 wurde erstmalig durch die Abasands Oil in einer Tagebaumine Ölsand abgebaut. Die kommerzielle Förderung im großindustriellen Maßstab begann 1967 mit der Tagebaumine der Great Canadian Oil Sands Ltd. Das Deckgebirge über den Ölsanden besteht zum großen Teil aus Sümpfen und Mooren mit wasserreichen Torfschichten und eiszeitlichen Ablagerungen und Geschiebemergel (vgl. Niemz, 1991, S.116, S. 120).

Karte 6: Bitumenmächtigkeit der Athabasca Ölsandlagerstätten

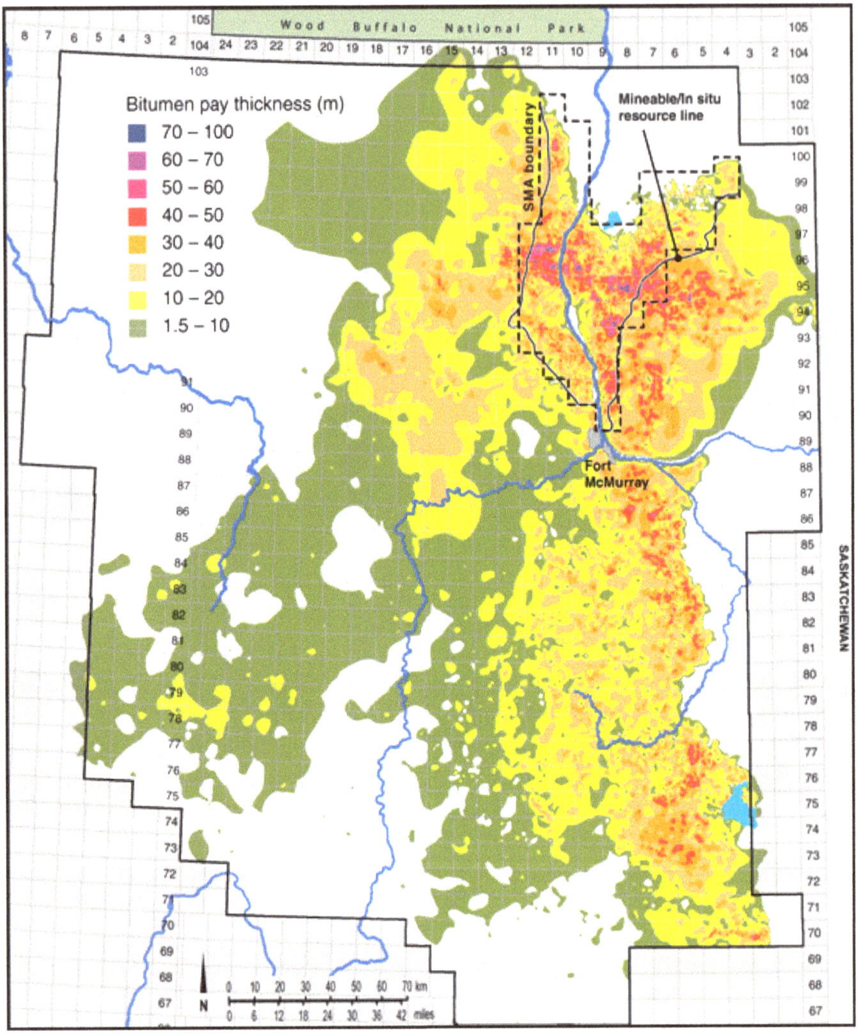

Quelle: Energy Resources Conservation Board, 2010, S. 46

Die Vorgangsweise bei der Erschließung einer Tagebaumine lässt sich folgendermaßen charakterisieren: Die Fläche, auf der der Tagebau entstehen soll, muss zuerst vom Wald befreit werden. Die Bäume werden gerodet und der Boden entwässert, danach wird das Deckgebirge abgetragen und für die spätere Rekultivierung zwischengelagert. Die Löffelbagger beginnen die ölsandhaltigen Schichten abzutragen. Das abgetragene Gut wird auf Muldenkipper verladen. Im Winter ist der Ölsand durch die tiefen Temperaturen (bis zu -50°C) hart wie Beton und im Sommer durch die Sonneneinstrahlung weich und schmierig, was den Abbau des Ölsandes nicht erleichtert. Die im Tagebau zugänglichen Ölsande erreichen Schichtmächtigkeiten von 40-60 m, an einigen Stellen bis zu 100 m, siehe Karte 6. Innerhalb der SMA[8] liegen knapp 50 % des abbaubaren Ölsands unter einem Deckgebirge mit einer Mächtigkeit von höchstens 25 m (vgl. Energy Resources Conservation Board, 2010, S. 45). Die SMA ist jener festgelegte Bereich, in dem in der Tagebauweise Ölsand abgebaut werden kann.

In den Gebieten Cold Lake und Peace River ist der Tagebau aufgrund der Mächtigkeit des Deckgebirges nicht möglich. Die Erschließungskosten einer Tagebaumine sind von der geographischen Lage abhängig. Tagebauminen sind immer Langzeitprojekte, sowohl in der Errichtung als auch in der Projektierungsphase. Es erfordert viel Planung, Vorbereitung und Kapitel, es dauert ca. 8-10 Jahre, bis man in die Ausführungsphase kommt. Die Zeit beinhaltet auch die Feasibility-Studie, die für die Zustimmung der Regierung nötig ist. Alle 10 Jahre müssen die Ölsandprojekte erneuert werden. Ein durchschnittliches Ölsandprojekt als Tagebaumine kostet einige Milliarden kanadische Dollar. Für einen 1 Barrel synthetisches Rohöl sind 2 Tonnen Ölsand erforderlich, der abgegraben, bewegt und verarbeitet werden muss. Die Ölsandfirmen sind verpflichtet, einen finanziellen Sicherheitspolster bereit zu stellen, der die Kosten der Rekultivierung abdeckt. Mit dem Stand von Juni 2008 beträgt dieser Fonds 720 Mio. Cdn$ (vgl. Oil Sands Developers Group, 2009).

4.2.2 In-Situ-Methoden

Jene 80 % der Ölsand-Lagerstätten, die sich in mehr als 150 m Tiefe befinden, sind nicht mehr im Tagebau, sondern nur über In-Situ-Verfahren erschließbar. In-Situ-Techniken umfassen jene Verfahren, die das Bitumen verflüssigen, um die Viskosität für die Pumpvorgänge an die Oberfläche zu reduzieren. Das Bitumen kann durch Wärmeeinwirkung wie Dampf oder Verbrennung oder mit Lösungsmitteln (Tensiden) verflüssigt werden. Der Sand verbleibt meistens in der Lagerstätte. Im Jahr 2007 wurden in Alberta ca. 243 Mio. Barrel aus dem Tagebau erzeugt und ca. 196 Mio. Barrel aus dem Sektor der In-Situ-Techniken.

Die neue Technologie der In-Situ-Verfahren ermöglicht, jene Ölsandlagerstätten zu erschließen, die nicht im Tagebau abgebaut werden können. Es muss

8 Surface Mineable Area.

von außen Wärmeenergie in Form von Dampf zugeführt werden, um die extreme Viskosität des Bitumens herabzusetzen. Bei Temperaturen um die 250℃ nähert sich die Viskosität des Bitumens jenem von Wasser (Royal Society Canada, 2010, S. 45). Um diese hohen Temperaturen zu erreichen, ist hoher Druck notwendig.

Von der Beschaffenheit der Ölsand-Lagerstätte abhängig, werden heute die beiden Verfahren SAGD[9] und CSS[10] sowie die Primärförderung eingesetzt. Die Primärförderung beinhaltet jenes In-Situ-Verfahren, das Wasser- und Polymerinjektionen verwendet. Die Primärförderung ist grundsätzlich mit der Förderung bei konventionellem Erdöl vergleichbar. Andere neuere und energieeffizientere In-Situ-Verfahren befinden sich derzeit in der Erprobungsphase.

Abbildung 8: Vergleich der In-Situ-Verfahren anhand der Produktivität pro Quelle

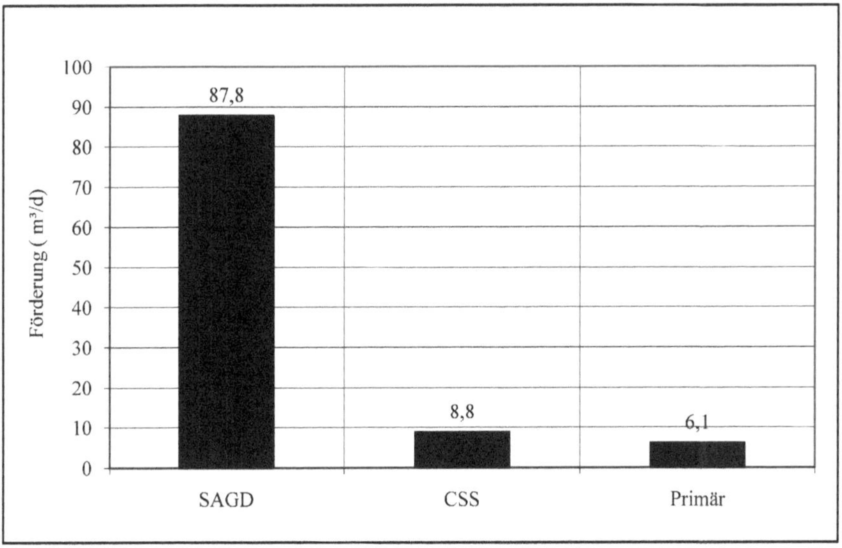

Quelle: Energy Resources Conservation Board, 2010, S. 63

Unter den In-Situ-Verfahren ist das SAGD derzeit die beste Alternative, da es eine hohe Förderung bei einer durchschnittlichen Quelle erlaubt, vergleiche Abbildung 8. Der Entölungsgrad beim Primärverfahren liegt unter 20 %. Eine durchschnittliche Ölsandlagerstätte die mit dem SAGD-Verfahren erschlossen

9 Steam Assisted Gravity Drainage.

10 Cyclic Steam Stimulation.

wird, hat einen 10-fachen höheren Output als mit dem CSS-Verfahren und einen 14-fach höheren Output als mit dem Primärverfahren.

Bei neuen Projekten wird ausschließlich das SAGD-Verfahren angewendet. 2009 betrug der Anteil des CSS 32 %, der des SAGD 37 % und die Primärförderung 31 % an der Rohbitumenförderung (vgl. Energy Resources Conservation Board, 2010, S. 62). Die meisten Zuwächse in der Förderung von Rohbitumen im Zeitraum 2008-2009 hatte das SAGD mit +39 % zu verzeichnen. Die Zuwächse im Vergleich mit den anderen In-Situ-Verfahren sind auch in Abbildung 9 ablesbar.

Abbildung 9: Fördermengen der drei In-Situ-Verfahren 1999-2009

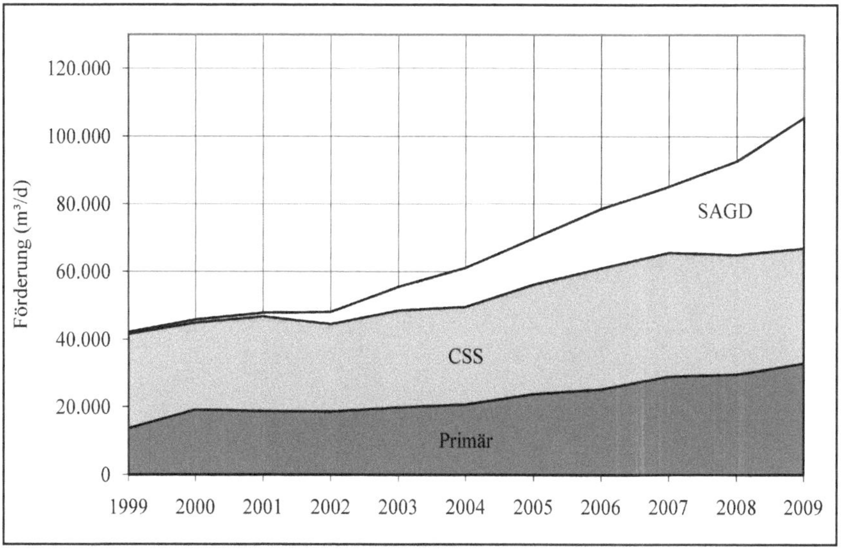

Quelle: Energy Resources Conservation Board, 2010, S. 62

Im Folgenden werden die wichtigsten Verfahren kurz beschrieben:

- CSS (Cyclic Steam Stimulation)
  Das CSS wurde erstmalig 1985 im Cold Lake Gebiet von der Firma Imperial Oil eingesetzt. Bei diesem Verfahren injiziert man unter Druck Wasserdampf mit einer Temperatur von 300-340°C über einen Zeitraum von einigen Wochen in die Ölsandlagerstätte. Der Dampf reduziert die Viskosität des Bitumens, damit wird der Absaugvorgang erleichtert. Der Absaugvorgang dauert 6-8 Monate, danach wird wieder Dampf in die Lagerstätte injiziert. Dieser Zyklus wird so lange wiederholt, bis die Kosten des Dampfeinblasens den Wert des Bitumens übersteigen (vgl. Royal Society Canada, 2010, S. 45).

Das im Prozess verwendete Wasser ist wiederverwertbar. Der Entölungsgrad beträgt bei diesem Verfahren 20-35 %.

- SAGD (Steam Assisted Gravity Drainage)
  Das SAGD ist die häufigste und effizienteste Methode, die derzeit bei der In-Situ-Förderung, vorwiegend bei geringer Mächtigkeit der ölsandführenden Schichten, angewendet wird. SAGD wurde in den 1980er Jahren entwickelt. Das Grundprinzip dabei ist, dass zwei parallel laufende, in der Tiefe horizontale Bohrlöcher in die Lagerstätte eingeführt werden, siehe Abbildung 10.

Abbildung 10: SAGD-Verfahren

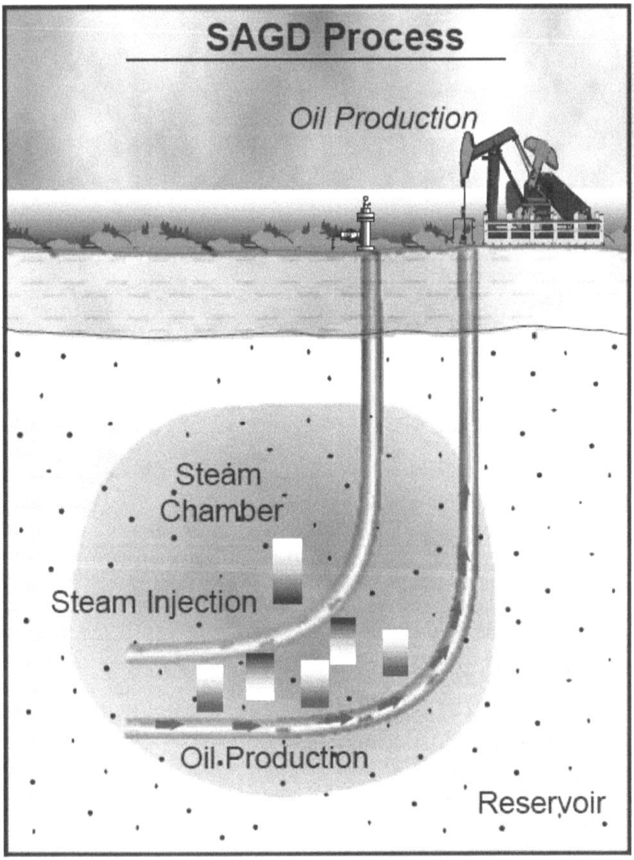

Quelle: The Oil Sands Developers Group, 2010b, S. 2

Das unterste horizontal verlaufende Bohrloch wird 1-2 m oberhalb der Basis der Lagerstätte gebohrt (vgl. Royal Society Canada, 2010, S. 46). Aus dem oberen Bohrloch, das sich 5 m oberhalb des unteren Bohrloches befindet, wird reiner Dampf unter hohem Druck von 9.600 kPa und einer Temperatur von 250°C in die Lagerstätte injiziert. Beide Bohrlöcher haben einen Durchmesser von 200 mm und erstrecken sich über eine Länge von mehr als 1.000 m. Für eine Dauer von 3-6 Monaten wird die Lagerstätte mit dem Dampf eingeweicht. Innerhalb der Lagerstätte bildet sich die sogenannte Dampfkammer. Die Wärme verringert die Viskosität des Bitumens, welches zum zweiten Bohrloch fließt. Das Bitumen wird an die Oberfläche gepumpt. Der Entölungsgrad innerhalb der Dampfkammer liegt zwischen 60 und 70 % (vgl. Gerloff, 2003, S. 115; vgl. Royal Society Canada, 2010, S. 47). Rund 90 % des im Prozess eingesetzten Wasser können recycelt werden. Das Wasser wird injiziert, um die Stabilität der Lagerstätte zu gewährleisten. Die Energieintensität der SAGD ist abhängig vom Dampf-/Öl-Verhältnis und dem möglichen Entölungsgrad.

- THAI (Toe-to-Heel Air Injection)
  Das THAI ist ein neuartiges Verfahren, bei dem Luft oder Sauerstoff mit einer Temperatur von 500-700°C in die Lagerstätte injiziert wird, um einen Verbrennungsprozess auszulösen. Das THAI-Verfahren verfügt gegenüber der SAGD über viele Vorteile: höhere Förderquote, niedrigere Produktions- und Kapitalkosten, geringeren Verbrauch an Erdgas und Wasser sowie signifikant geringere CO2-Emissionen (vgl. Oil Sand Discovery, 2009, S. 38). Das THAI-Verfahren ist für jene Lagerstätten mit niedrigem Druck und großer Tiefe geeignet, die mit dem SAGD nur schlecht erschlossen werden können (vgl. Oil Sands Discovery, 2002, S. 38). Dieses Verfahren wird derzeit zum In-Situ-Upgrading weiterentwickelt und ist noch in der Erprobungsphase. Mit dem Upgrading des Bitumen entfallen die Kosten für Anschaffung von Anlagen zur Weiterverarbeitung an der Oberfläche. Der Entölungsgrad wird beim THAI-Verfahren auf 75 % geschätzt (vgl. Royal Society Canada, 2010, S. 57).

4.3 Verfahrensschritte zur Aufbereitung des Ölsandes

4.3.1 Förderung

Die kommerzielle Förderung begann 1967 durch die Great Canadian Oil Sands Ltd. Anfänglich wurden Schaufelradbagger eingesetzt und das Fördergut mit kilometerlangen Förderbändern zu den Extraktionsanlagen transportiert. Dort wurde das Bitumen von Sand und Wasser getrennt. Aufgrund der klimatischen Verhältnisse gab es häufig Stillstandzeiten an den Maschinen und hohe Produktionskosten. Man begann daher in den 1990er Jahren mit der Umstellung auf Löffelbagger und Muldenkipper (Caterpillar Typ 797) mit einer Tragfähigkeit von 400 Tonnen, mit denen das Fördergut zu den Crushern transportiert wurde. In den Crushern wird der Ölsand in kleine Teile aufgebrochen. Die Implementierung dieser neuen Prozesse mit Löffelbagger und Muldenkipper haben erheblich zu einer Kostensenkung beigetragen (vgl. Gerloff, 2003, S. 115). Das Ablaufschema des neuen Verfahren wird in der Abbildung 11 dargestellt.

Abbildung 11: Ablaufschema Ölsandförderung im Tagebau

Quelle: veränderte Darstellung, Oil Sands Developers Group, 2009

Der Hydrotransport ist eine Pipeline, in der der zerkleinerte Ölsand mit 30-40°C warmem Wasser vermischt und diese Suspension mit einer durchschnittlichen Geschwindigkeit von 3-5 m/s zu den Extraktionsanlagen transportiert wird. Während des Transports durch die Pipeline beginnt das Bitumen sich durch hydrodynamische Kräfte vom Ölsand zu lösen. Mit dem Prozess des Hydrotransports konnte man seit 1990 den Energieverbrauch und die -effizienz pro Barrel Bitumen um 45 % verbessern.

Der Unterschied liegt in der Prozesstemperatur, beim Hydrotransport beträgt die Temperatur zwischen 35-40°C, mit dem in den 1980er Jahren angewendeten Verfahren benötigte man eine Temperatur von ca. 80°C.

4.3.2 Extraktion

Der mit Wasser vermengte Ölsand wird per Hydrotransport zu den Extraktionsanlagen transportiert. Dort beginnt der wesentliche Schritt der Separation des

Ölsandes in Bitumen und Feststoffe. Die Extraktion ist der wichtigste Schritt zwischen der Förderung und dem Upgrading. Die Anlagen befinden sich meistens auf dem Gelände der Tagebauminen. Der mit Wasser vermengte Ölsand, der dem Zustand einer Suspension entspricht, wird in die sogenannten „Particle Separation Cells" geleert, in diesen Behältern wird Heißwasser zugefügt. Es bilden sich drei Schichten heraus: In der ersten, obersten Schicht fließt das mit Sauerstoff angereicherte Bitumen an die Oberfläche und wird als Primärbitumenschaum abgeschieden. In der zweiten, mittleren Schicht bildet sich eine Kombination aus feinen Teilchen wie Sand, Ton, Wasser und Bitumen in einer Aufschlämmung oder Suspension heraus (Middlings). Die groben Feststoffe wie Sand sinken in der dritten Schicht auf den Boden der Behälter und werden in die Absetzbecken, die „Tailings ponds" geleitet. Das Middlings wird in der zweiten Separation erneut mit Luft behandelt, um die Ausbeute an Bitumen zu erhöhen. In der Regel können 2-4 % mehr an Bitumen durch diese Verfahrensweise gewonnen werden (vgl. Oil Sands Discovery, 2009, S. 23). Es entsteht wieder Bitumenschaum, der nach Entfernung der Luft in den ersten Separationskreislauf rückgeführt wird. Der gesammelte Bitumenschaum enthält typischerweise 60 % Bitumen, 30 % Wasser und 10 % feine Feststoffe und muss einer weiteren Reinigung unterzogen werden, bevor dieser an die Upgrading-Anlagen weitergeleitet werden kann (vgl. Royal Society Canada, 2010, S. 37). Die im Bitumenschaum enthaltene Luft wird entzogen, weil ansonsten die Pumpen nicht mehr effizient arbeiten und durch Kavitation zerstört werden könnten (vgl. Oil Sands Discovery, 2009, S. 23). Der Bitumenschaum wird in einer entsprechenden Anlage, dem „Froth Treatment Plant", mit Rohbenzin im Verhältnis 0,6:1 verdünnt, um die Viskosität zu verringern. Rohbenzin wird nur verwendet, wenn sich eine Upgrader-Anlage am Gelände befindet, denn das Rohbenzin ist ein Nebenprodukt des Upgrading-Prozesses (vgl. Royal Society Canada, 2010, S. 38). Ist keine Upgrader-Anlage auf dem Gelände vorhanden, verwendet man flüssiges Paraffin im Verhältnis 2:1. Das verdünnte Bitumen fließt durch Zentrifugen und schräg geneigte Platten, um Partikel mithilfe der Schwerkraft auszuscheiden. Der Extraktionsprozess gilt als abgeschlossen, wenn das Bitumen nur noch Anteile weniger als 0,5 % Wasser und 0,5 % Feststoffe enthält (vgl. Oil Sands Discovery, 2009, S. 24).

Mit dem Heißwasserextraktionsprozesses kann mehr als 90 % des im Ölsand enthaltenen Bitumen extrahiert werden. Es bedarf daher 11 Tonnen Ölsands, um 1 m^3 synthetisches Rohöl herzustellen (vgl. Royal Society Canada, 2010, S. 39). Bei der Extraktion des Bitumens fallen Nebenprodukte wie die beiden Metalle Titan und Zirkon an, die wirtschaftlich verwertbar sind. Der Titangehalt von 11 % im Bitumenschaum zählt zu den zweithöchsten unter den Titanerzen weltweit (vgl. Royal Society Canada, 2010, S. 60). Die Produktion von Zirkon aus

Ölsand wäre weltweit die erste ihrer Art. Der Vorteil bei Titan und Zirkon ist, dass diese ohne großen Energieaufwand aus dem Bitumenschaum gewonnen werden können. Mit einer magnetisch-elektrostatischen Trennung und einer Flotation können 89 % des Titans und 65 % des Zirkons, welche im Bitumenschaum enthaltenen sind, gewonnen werden. Für beide Rohstoffe gilt, dass die wirtschaftliche Verwertung von den Marktverhältnissen abhängig ist, bei Erfolg könnte das zu einer Diversifizierung des monostrukturierten Erdölsektors in der Region Wood-Buffalo führen.

4.3.3 Upgrading

Nach der Trennung des Bitumens von Sand und Wasser folgt die mehrstufige Aufarbeitung des Bitumens in synthetisches Rohöl, das sogenannte Upgrading. Die Umwandlung des Bitumens in synthetisches Rohöl ist aus drei Gründen notwendig: erstens weil Raffinerien Bitumen nicht direkt verarbeiten können, zweitens um den Marktwert zu erhöhen, da synthetisches Rohöl am Weltmarkt einen höheren Preis erzielen kann als Bitumen, und drittens weil die physikalisch-chemische Zusammensetzung das Bitumen-Upgrading notwendig macht. Upgrader-Anlagen sind kapitalintensive Anlagen und generieren zusätzliche ökonomische Aktivitäten in der Region (vgl. Royal Society Canada, 2010, S. 55). Gegenwärtig befinden sich 5 Upgrading-Anlagen in der RMWB. Das im Tagebau geförderte Rohbitumen wird zur Gänze, jenes das mit dem In-Situ-Verfahren an die Oberfläche befördert wird, nur zu rund 12 % zu synthetischem Rohöl verarbeitet (vgl. ERCB, 2010, S. 64). Das im In-Situ-Verfahren gewonnene Rohbitumen, das nicht in den Upgrading-Anlagen verarbeitet wird, muss verdünnt werden, um die Kriterien für den Transport in den Pipelines zu erfüllen.

Eine Extraktions- und Upgrading-Anlage, die 16.000 m^3/d (100.000 bbl/d) synthetisches Rohöl produziert, verarbeitet täglich durchschnittlich 200.000 Tonnen Ölsand und erzeugt 50.000 m^3 groben Sand, 20.000 m^3 feine Feststoffe, 2.000 m^3 Petroleum Koks, 600 m^3 Schwefel und 100 m^3 Flugasche (vgl. Royal Society Canada, 2010, S. 58).

Abbildung 12 zeigt die Produktion von synthetischem Rohöl, die im Zeitraum 1999-2009 von 51,4 m^3/d auf 121,7 m^3/d angestiegen ist. 2005 und 2008 gab es zwar Rückgänge in der Rohölproduktion, sie konnten aber in den darauffolgenden Jahren wettgemacht werden. In Alberta gibt es mit Stand 2010 insgesamt fünf Upgrading-Anlagen, davon sind zwei neue Upgrading-Anlagen 2009 in Betrieb gegangen (vgl. Energy Resources Conversation Board, 2010, S. 64). Eine dieser Anlagen ist das Nexen Long Lake Project, die erste Upgrading-Anlage für Bitumen aus dem In-Situ-Verfahren mit einer Produktionsleistung von 800 m³ pro Tag. Das andere Projekt ist die Horizon, eine integrierte Tagebau-Anlage mit Extraktions- und Upgrading-Anlage mit einer täglichen Produktionsleistung von 8.300 m³ (vgl. Energy Resources Conservation Board, 2010, S. 64). Die tägliche Produktionsleistung der anderen drei Anlagen von Syncrude, Suncor und Shell liegt bei 45.300 m³, 45.300 m³ und 22.000 m³.

Abbildung 12: Synthetische Rohölproduktion Alberta 1999-2009

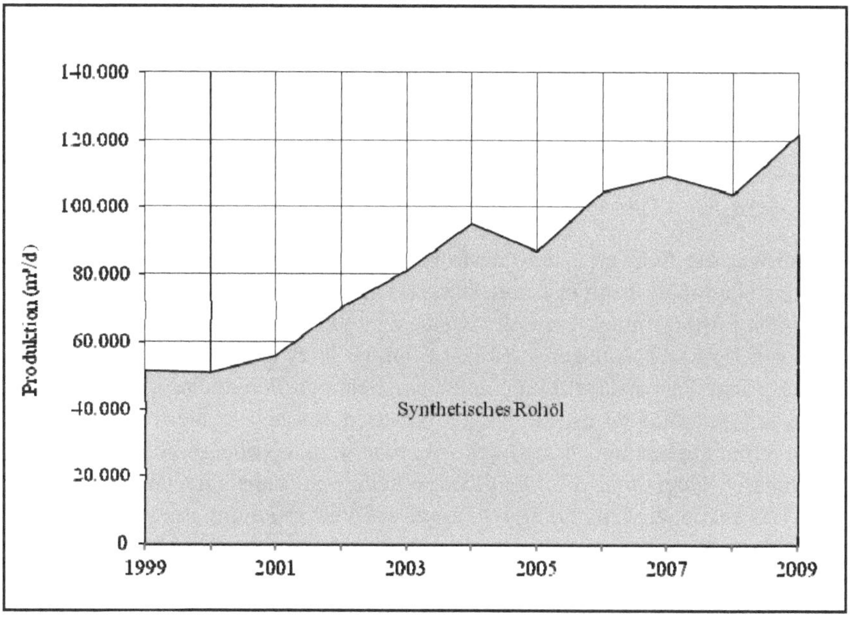

Quelle: Energy Resources Conversation Board, 2010, S. 65

Der Zweck des Upgrading ist auf Grundlage der chemisch-physikalischen Eigenschaften des Bitumens das Aufbrechen der langen Kohlenwasserstoffketten, das Reduzieren der Dichte, der Viskosität und des molekularen Gewichts und das Anlagern von Wasserstoff, also die Verbesserung des Verhältnisses Kohlenstoff zu Wasserstoff. Des Weiteren werden die unerwünschten Begleitstoffe wie Schwefel, Stickstoff und Metalle abgetrennt. Das synthetische Rohöl entspricht mit einer Dichte von 870 kg/m³ (vgl. Tabelle 3) dem konventionellen Rohöl und kann in den Raffinerien zu anderen Produkten weiterverarbeitet werden. Das synthetische Rohöl hat gegenüber den konventionellen Rohöl eine höhere Qualität. Der Qualitätsunterschied äußert sich im niedrigen Schwefelgehalt, dem niedrigen Stickstoffanteil und einem geringeren Anteil an Vanadium und Nickel, siehe Tabelle 3.

Tabelle 3: Eigenschaften von Bitumen im Vergleich mit Erdöl

Eigenschaften	Bitumen	konventionelles Erdöl	synthetisches Erdöl
Dichte bei 16°C (kg/m³)	1.000	860	870
API	10	32	31
Siedebereich °C	250-800	30-550	50-560
Kohlenstoffanteil in%	84	84	85,5
Wasserstoffanteil in%	10,5	13,5	13,5
Schwefelanteil in %	4	1,9	0,3
Stickstoffanteil in %	0,42	0,09	0,05
Nickelanteil ppm	69	14	<1
Vanadium ppm	190	3,7	<0,6

Quelle: Royal Society Canada, 2010, S. 52

Je niedriger der Schwefelanteil, desto besser die Qualität des Rohöls. Der Prozess des Upgrading beginnt damit, dass das Bitumen in den Extraktionsanlagen mit einem Lösungsmittel, entweder Rohbenzin oder Paraffin, versetzt wird.

In den Upgrader-Anlagen wird das Bitumen in zwei Verfahrensschritten bearbeitet, dem Primär-Upgrading und dem Sekundär-Upgrading. Das Ziel des primären Upgrading ist es, die langen polyaromatischen Kohlenstoffwassermoleküle aufzubrechen und das Molekulargewicht zu verringern. Weiters werden im primären Upgrading die Metallbestandteile wie Vanadium und Nickel entfernt. Das sekundäre Upgrading fokussiert auf die Entfernung des Schwefels und des Stickstoffes.

Der enthaltene Schwefel wird zu H_2S und anschließend zu elementarem Schwefel umgewandelt. Der elementare und chemisch stabile Schwefel wird am Gelände gelagert, um in späterer Folge entweder im Straßenbau Verwendung zu finden oder als Begleitstoff im Dünger verarbeitet zu werden. Der Schwefel wird mit Flugasche und Sand zu Beton verarbeitet, der zur Errichtung von Straßen mit rutschfreier Oberfläche in den Tagebauminen verwendet wird.

Der im Bitumen enthaltene Stickstoff wird zu Ammoniak transformiert. Im Upgrading-Prozess entstehen mehrere Nebenprodukte wie Schwefel, Koks und Flugasche. Koks entsteht nur im primären Upgrading-Prozess und wird wie der Schwefel in der Anlage zwischengelagert. Trotz des hohem Heizwertes von 30 MJ/kg ist Koks wegen des Schwefelgehaltes von 6-9 % nicht attraktiv genug, um für die Erzeugung von Prozesswärme verwendet zu werden (vgl. Royal Society Canada, 2010, S. 61). Koks wird in einer Anlage für die Erzeugung von Elektrizität, Dampf und Wasserstoff verwendet (vgl. Royal Society Canada, 2010, S. 61).

Flugasche entsteht durch Verbrennung von Koks für das Bitumen-Upgrading, jedes Jahr rund 90.000 t Flugasche enthält 3-6 % Vanadium, was dem 5-fachen Wert entspricht, der in australischen und südafrikanischen Erzen gefunden wird. Die Extraktion des Vanadiums aus der Flugasche würde rund 3,6 % der weltweiten Vanadiumproduktion ergeben (vgl. Royal Society Canada, 2010, S. 62).

Insgesamt betrachtet besitzen die Nebenprodukte des Upgrading-Prozesses ein großes Marktpotenzial, welches grundsätzlich von den Transportkosten und der Nachfrage am Weltmarkt abhängig ist.

4.4 Die ökonomische Bedeutung des Ölsandes für die Provinz Alberta

Investitionen im Ölsandbereich haben einen langen Zeithorizont von ca. 10-15 Jahren und sind von Tagesschwankungen des Erdölpreises auf dem Weltmarkt nicht unmittelbar betroffen, aber von langfristigen Trends (vgl. Gerloff, 2003, S. 118). Kanada hat derzeit vom wirtschaftlichen und technischen Standpunkt betrachtet mit einem Volumen von 27 Milliarden m^3 (174 Milliarden Barrel) die zweitgrößten Erdölreserven der Welt. Unter dem Einsatz bester Technologie sind 330 Milliarden Barrel Rohöl herstellbar, damit wäre Kanada der größte Rohölproduzent der Welt, weit vor Saudi Arabien (vgl. Gerloff, 2003, S. 119). Die kanadischen konventionellen und nicht-konventionellen Erdölreserven konzentrieren sich in der Provinz Alberta. Der Beitrag der anderen Provinzen zur Rohölproduktion ist mit Ausnahme von Saskatchewan marginal.

Abbildung 13: Gesamtrohölproduktion von Alberta und Kanada 1998-2008

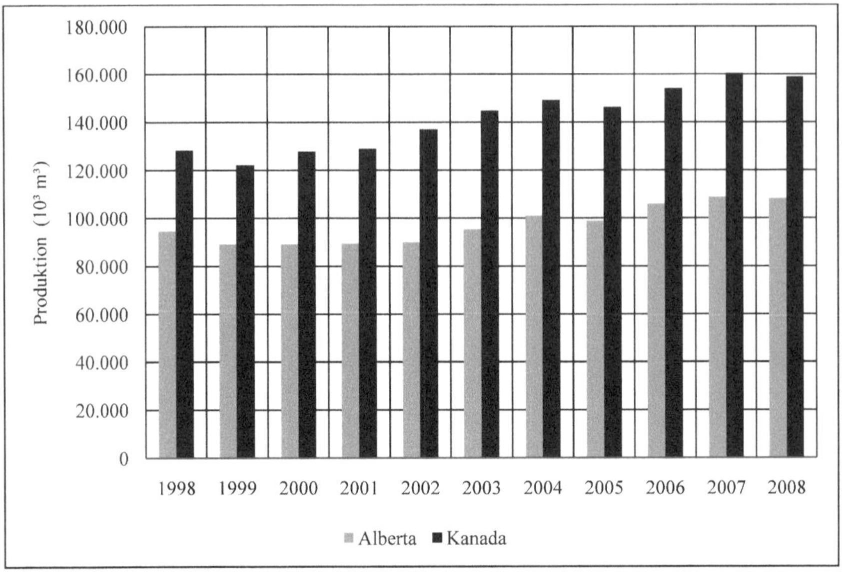

Quelle: vgl. Statistics Canada, 2011, S. 45

Die in Abbildung 13 dargestellte Rohölproduktion zeigt, dass die Provinz Alberta den größten Anteil an der kanadischen Rohölproduktion trägt. Mit jedem weiteren Ausbau der Tagebauminen und In-Situ-Anlagen wird der Anteil Albertas an der kanadischen Produktion zunehmen. Daraus resultiert die strategische Bedeutung des Ölsandes in der kanadischen Wirtschaft. International agierende Energiegesellschaften zeigen vermehrt großes Interesse an den Ölsanden. Die North American Oil Sands Corporation wurde von der norwegischen Statoil übernommen. Deer Creek Energy wurde an die französische Total SA verkauft. Der kanadische Ölsand wäre in der Lage, die Abhängigkeit vom arabischen Erdöl wesentlich zu reduzieren und eine stabile und funktionierende Selbstversorgung Nordamerikas zu erreichen, obwohl die konventionellen Produktionsmengen stetig schrumpfen, siehe Abbildung 14.

Abbildung 14: Produktionsvergleich Rohöl Alberta 1999-2009

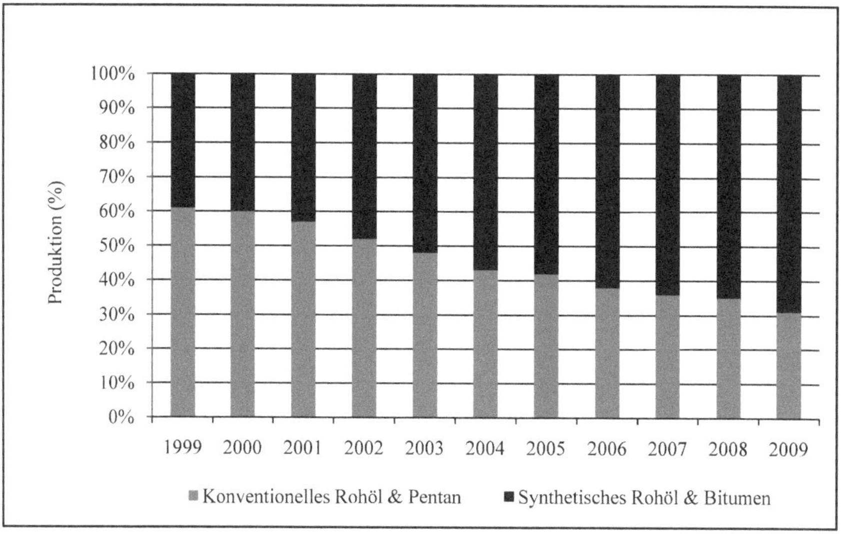

Quelle: Energy Resources Conversation Board, 2010, S. 59

Vergleicht man den Zeitraum 1999-2009, ist in Abbildung 14 erkennbar, dass die Produktion des konventionellen Rohöls in Alberta rückläufig ist und seit 2003 synthetisches Rohöl und Bitumen die Mehrheit der Erdölproduktion ausmachen. Im Zeitraum einer Dekade hat sich der Anteil des synthetischen Rohöls (vgl. Abbildung 14) von 40 % im Jahr 1999 auf ca. 70 % Produktionsanteil im Jahr 2009 erhöht. Gemäß der Prognose des ERCB soll der Anteil des synthetischen Rohöls und Bitumens im Jahr 2019 ca. 89 % betragen. Entsprechend haben in den letzten Jahren die Investitionen in Ölsandprojekte zugenommen, siehe Tabelle 4. Die Kapitalausgaben für Ölsandprojekte sind seit 2001 signifikant gestiegen. Die Ursachen sind eine globale Nachfrage nach Stahl und Ingenieursleistungen. Arbeitskräftemangel ist ein weiterer Aspekt für höhere Kapitalkosten. Das Suncor Millennium Projekt, eine 2001 errichtete Tagebaumine, verursachte Baukosten pro Barrel Kapazität von 33.000 Cdn$ (vgl. CAPP, 2007, S. 16). Neuere zu realisierende Projekte verursachen in der Errichtung Kosten von rund 100.000 Cdn$ pro Barrel.

Tabelle 4: Investitionen der Ölsandwirtschaft in der NADC-Region 1997-2007

Jahr	Tagebau	Upgraders in Mio. Cdn$	In-situ	Gesamt
1997	847	6	1.062	1.915
1998	883	18	642	1.543
1999	2.019	144	208	2.371
2000	3.419	159	645	4.223
2001	3.684	127	1.096	4.907
2002	4.170	124	1.457	5.751
2003	3.535	333	1.180	5.048
2004	4.105	92	1.986	6.183
2005	6.019	227	4.191	10.437
2006	5.992	776	7.569	14.337
2007	6.074	5.499	5.372	16.945
Gesamt	40.747	7.505	25.408	73.660

Quelle: vgl. Northern Alberta Development Council, 2009, S. 40

Im Zeitraum 1997-2007 wurden über 73 Mrd. Cdn$ (vgl. Tabelle 4) in die Errichtung von Anlagen investiert, die für die Förderung und Verarbeitung von Ölsand notwendig sind. Die Investitionen im Tagebau und in die Upgrader wurden mit einer Ausnahme in der RMWB getätigt, denn nur dort kann in Tagebauweise der Ölsand abgebaut und extrahiert und synthetisches Rohöl erzeugt werden. Zwei Drittel der Gesamtkosten eines Ölsandprojektes entfallen auf die Errichtung eines Upgraders.

Die 25 Mrd. Cdn$ für In-Situ-Projekte verteilen sich über die gesamte NADC-Region, auf die Gebiete Athabasca, Cold Lake und Peace River. Die gesamte Wirtschaft Albertas profitiert von den Investitionen in den Ölsand, durch Aufträge an Gewerbe und Industrie sowie durch Arbeitsplatzbeschaffung. Weitere Akteure, die durch die Investitionen an direkter Besteuerung der Unternehmen in Form von Lizenzgebühren und Steuern verdienen, sind die Regierung von Alberta und die Bundesregierung. Die Regierung von Alberta hat in den letzten 25 Jahren 184 Millionen Cdn$ an Lizenzgebühren eingenommen. Weitere 118 Millionen Cdn$ wurden durch Steuern eingenommen (vgl. CAPP, 2010b).

In Tabelle 4 sind nicht die Ausgaben für laufende Betriebskosten enthalten, da die Betriebskosten ein weiterer zu berücksichtigender Kostenfaktor sind und Personal, Erdgas, Treibstoff und Chemikalien beinhalten.

Die Bush-Administration hatte die strategische Bedeutung der Ölsande erkannt, denn Kanada ist der wichtigste Lieferant von Erdölprodukten in die USA, noch vor Venezuela und Mexiko. Vizepräsident Dick Cheney verwies in einer

Rede auf die wirtschaftliche und strategische Bedeutung der Ölsande: „*Strong relationship with energy-producing nations in our own hemisphere improving the outlook for trade, investment and reliable supply.*“ (Gerloff, 2003, S. 119). Die wirtschaftliche Bedeutung der Ölsande wird vor dem Hintergrund instabiler politischer Systeme im Nahen Osten und steigender Rohölpreise zunehmen.

Der IMF hat für die Entwicklung des kanadischen Ölsandes vier potenzielle Hindernisse identifiziert. Diese sind Arbeitskräfte, Inputfaktoren, Infrastruktur und Erdgas:

1. Facharbeitskräfte: Die Kostenüberschreitungen vergangener Projekte hängen mit der Schwierigkeit zusammen, Arbeitskräfte in einen Arbeitsmarkt anzuziehen, der unter Arbeitskräftemangel leidet. Unternehmen suchen ausgebildete Arbeitskräfte, aber Probleme wie Wohnungsknappheit und Restriktionen in der Immigrationsfrage führen zur weiteren Verknappung des Arbeitskräfteangebotes.
2. Inputfaktoren wie Elektrizität und Verdünnungsmittel zur Herabsetzung der Viskosität des Bitumens sind weitere Engpässe.
3. Die Erweiterung der bestehenden Transport- und Infrastruktur ist ein Schlüsselfaktor, da die Ölsandlagerstätten an der Grenze der Ökumene liegen.
4. Ein weiteres Hindernis ist die Versorgung mit Erdgas, da die Nachfrage nach Erdgas und damit der Preis gestiegen ist. Es gibt Überlegungen zum Abbau bestehender Kohlevorkommen oder zur Errichtung eines neuen AKWs in der Provinz Alberta. Ein weiteres Problem sind die CO_2-Emissionen, die, seit Ölsand gefördert wird, gestiegen sind. Die im Ölsandbereich tätigen Unternehmen erzielen Fortschritte hinsichtlich der Energieeffizienz. Nichtsdestotrotz ist der Anteil der Treibhausgasemissionen sehr hoch und vermindert die Chancen, dass Kanada die Emissionenreduktion durchführen kann, wie im Kyotoprotokoll gefordert ist.

Die derzeitige Ungewissheit über den Erfolg Treibhausgas-reduzierender Technologien hat zur Folge, dass die Kosten für die künftigen Umweltschutzmaßnahmen nur schwer geschätzt werden können. Das ist ein limitierender Faktor, der berücksichtigt werden muss (vgl. IMF, 2006, S. 6).

Der IMF stellt fest, dass die Wirkungen der Dutch disease, der holländischen Krankheit, in Kanada überschätzt werden. Die Effekte seien gering (vgl. IMF, 2006, S. 9). Der produzierende Sektor zeigt zwar abnehmende Tendenzen, die aber im Vergleich mit anderen ressourcenexportierenden Staaten klein sind. Kanadas Wirtschaft ist großteils von der US-amerikanischen Wirtschaft abhängig, Kanadas produzierender Sektor ist daher vom amerikanischen Wirtschaftszyklus abhängig. Der IMF ist der Auffassung, dass die Expansion der Ölsandprojekte nur einen geringen Einfluss auf die gesamtkanadische Wirtschaft hat. Die

Begründung liegt in der sehr gut diversifizierten Wirtschaft Kanadas, wobei der wachsende Energiesektor nur eine von vielen Säulen sei.

4.5 Anbindung der Ölsandvorkommen an das Pipeline-Netz

In Kanada erstreckt sich ein Netz von Pipelines mit einer Länge von über 700.000 km. In der Provinz Alberta befindet sich etwa die Hälfte dieses Netzes mit einer Gesamtlänge von 332.464 km. Die zwei bedeutenden Knotenpunkte in der Provinz Alberta sind Hardisty und Edmonton, vergleiche Abbildung 15.

Abbildung 15: Schema Nordamerikanisches Erdöl-Pipelinenetz 2009

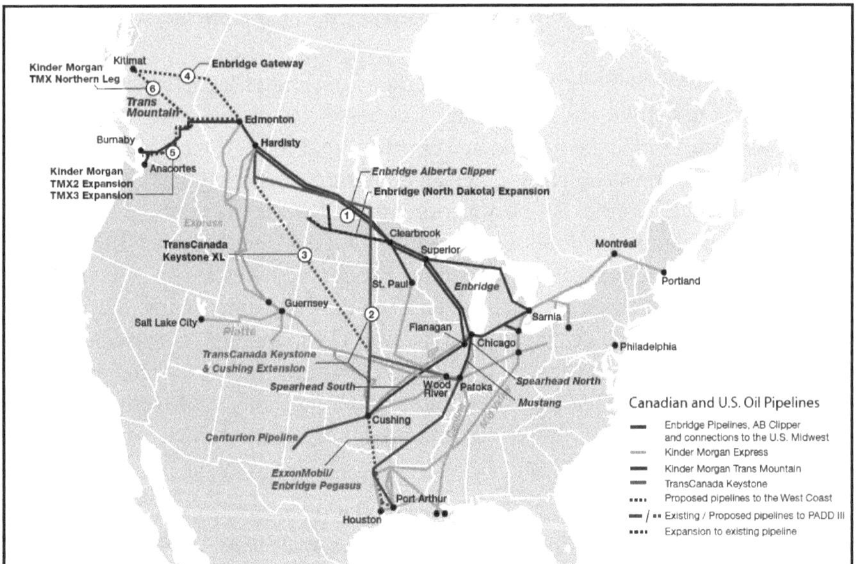

Quelle: Crude Oil Forecasts, Markets and Pipelines, 2010a, S. 21

Abbildung 16: Pipeline-Infrastruktur in Alberta 2010

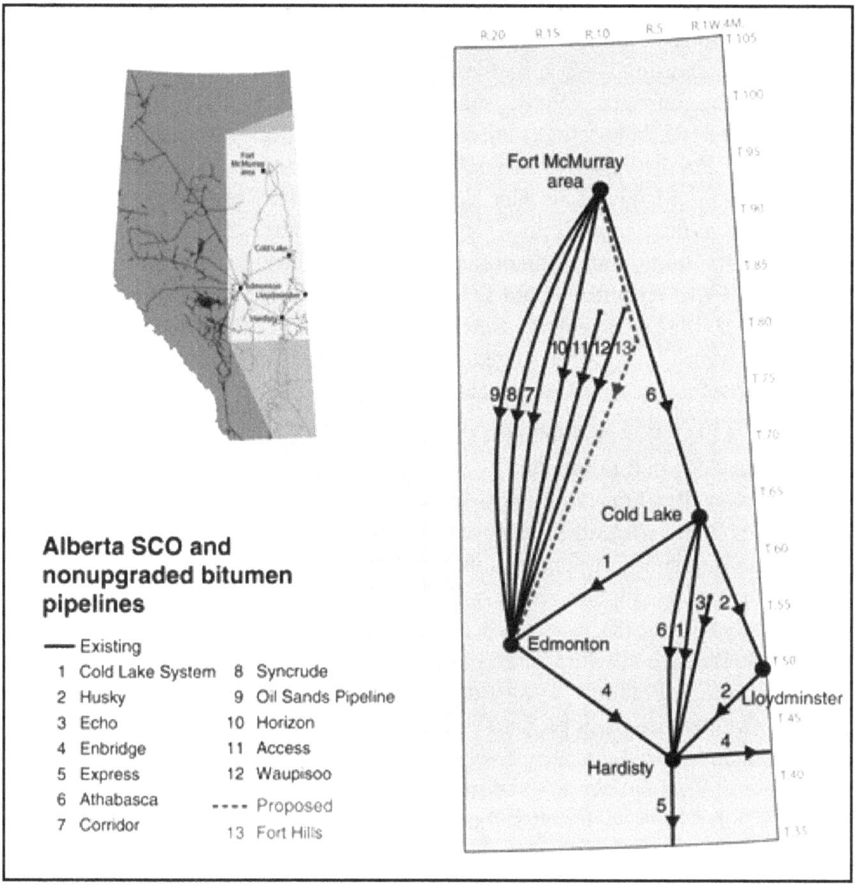

Quelle: Energy Resources Conversation Board, 2010, S. 68

Das Bitumen, das in Pipelines transportiert wird, muss verdünnt werden, um Dichte und Viskosität herabzusetzen und damit die Transportkriterien zu erfüllen. Die Verdünnung erfolgt entweder mit synthetischem Rohöl (Synbit) oder mit Kondensaten wie Pentan (Dilbit). Der Bedarf an Pentan übersteigt das Angebot bei weitem. Es wurden 2009 durchschnittlich 60.000 bbl/d Verdünner per Eisenbahn nach Alberta importiert (vgl. CAPP, 2010a, S. 6). Es wird daher vermehrt das Bitumen mit synthetischem Rohöl zu Synbit vermischt. Die Absatzgebiete für synthetisches Rohöl und Bitumen aus Alberta sind sehr ausgedehnt. Sie umfassen das westliche Kanada, Ontario und der amerikanische Mittelwesten sowie die Westküste. Westkanadisches Rohöl wird über knapp 2.500 km vom Hub Edmonton nach Chicago transportiert, um dann über die Spearhead Pipeline in Richtung Süden nach Cushing in den Bundesstaat Oklahoma geliefert zu werden. Das Transportgut fließt mit einer Durchschnittsgeschwindigkeit von 5 km/h durch das Pipelinenetz. Synthetisches Rohöl fließt in drei Tagen aus Fort McMurray nach Edmonton zu den Erdölraffinerien (vgl. Oil Sands Discovery, 2009, S. 29). Hardisty ist wie Edmonton ein Verteilerknoten (vgl. Abbildung 16) innerhalb des nordamerikanischen Netzes. Von Hardisty erstrecken sich Pipelines nach Wyoming und Illinois (vgl. Energy Resources Conversation Board, 2010, S. 69). Beide Hubs Edmonton und Hardisty werden über Pipelines aus dem Raum Fort McMurray, Cold Lake und Peace River versorgt. Abbildung 16 zeigt die derzeitige und geplante Pipelineinfrastruktur im Raum von RMWB und Cold Lake. Von Fort McMurray gehen sechs Pipelines nach Edmonton, und eine weitere, die Athabasca Pipeline, nach Hardisty:

- Die Cold Lake System Pipeline **(1)** liefert Schweröl aus der Cold Lake Region nach Hardisty und Edmonton.
- Die Husky Pipeline **(2)** transportiert Schweröl von Cold Lake nach Lloydminster. Schweröl und synthetisches Rohöl werden von Lloydminster nach Hardisty transportiert und dann in weiterer Folge in die Exportleitung Kinder Morgan Express Pipeline eingespeist.
- Die Echo Pipeline **(3)** liefert aus dem Cold Lake Gebiet nach Hardisty und ist eine isolierte Pipeline mit der Option Hoch-Temperatur-Rohöl zu transportieren.
- Die Enbridge Pipeline **(4)** ab Edmonton ist die längste Rohöl-Pipeline der Welt, welche das östliche Kanada und den mittleren Westen der Vereinigten Staaten mit Rohöl aus dem Westen Kanadas versorgt (vgl. Abbildung 15). Die Kapazität liegt bei 301.900 m^3 pro Tag.
- Die Kinder Morgan Express Pipeline **(5)** ist eine Exportleitung: ausgehend vom Knotenpunkt Hardisty versorgt sie die beiden Bundesstaaten Wyoming und Illinois. Die Kapazität beträgt 44.900 m^3 pro Tag.
- Die Athabasca Pipeline **(6)** liefert verdünntes Bitumen aus Fort McMurray nach Hardisty. Die Kapazität liegt bei 62.000 m^3 pro Tag.
- In die Korridor Pipeline **(7)** wird verdünntes Bitumen der Muskeg River Mine eingespeist, das zu den Scotford Upgradern der Firma Shell in Scotford in der Nähe von Edmonton transportiert wird (Oil Sands Discovery, 2009, S. 30).
- Die Syncrude Pipeline **(8)** verbindet die Anlagen der Syncrude Inc. mit Märkten in Edmonton.
- Die Oil Sands Pipeline **(9)** verbindet die Anlagen der Suncor Inc. mit den Märkten in Fort Saskatchewan und Edmonton und transportiert synthetisches

Rohöl. Die Pipeline wurde 1966 errichtet und gilt als eine der ältesten Pipelines.

- Die Horizon Pipeline **(10)** transportiert synthetisches Rohöl von den CNRL[11] Anlagen nach Edmonton.
- Die Access Pipeline **(11)** transportiert verdünntes Bitumen nach Edmonton.
- Die Waupisoo Pipeline **(12)** transportiert verdünntes Bitumen aus dem südlichen Raum Fort McMurray nach Edmonton.
- Eine weitere, die Fort Hills Pipeline **(13)**, befindet sich im Errichtungsstadium.

Tabelle 5: Eckdaten Athabasca & Cold Lake Pipelines

Name	**Destination**	**Aktuelle Kapazität(m^3/d)**
Cold Lake Region		
Cold Lake Heavy Oil Pipeline	Hardisty / Edmonton	73.000
Husky Oil Pipeline	Hardisty / Lloydminster	78.000
Echo Pipeline	Hardisty	12.000
Fort McMurray Region		
Athabasca Pipeline	Hardisty	62.000
Corridor Pipeline	Edmonton	47.700
Syncrude Pipeline	Edmonton	61.800
Oil Sands Pipeline	Edmonton	23.000
Access Pipeline	Edmonton	23.800
Waupisoo Pipeline	Edmonton	55.600
Horizon Pipeline	Edmonton	39.700

Quelle: Energy Resources Conversation Board, 2010, S. 67

Tabelle 5 zeigt alle in der Region Fort McMurray und Cold Lake existierenden und im Betrieb befindlichen Pipelines, die in Abbildung 16 dargestellt sind, mit Ausnahme der Enbridge und der Express Pipeline, welche zu den Exportpipelines zählen.

11 Canadian Natural Resources Limited.

5. Die Entwicklung in der Urban Service Area Fort McMurray

Dieses Kapitel widmet sich dem rasanten wirtschaftlichen Wachstum der Stadt Fort McMurray in der RMWB in der Provinz Alberta. Die ungebremste wirtschaftliche Expansion der Urban Service Area Fort McMurray, ausgelöst durch den Abbau des Ölsandes und die damit verbundenen Konsequenzen, soll anhand der Bevölkerung, Infrastruktur und Umwelt erläutert werden.

Die RMWB zählt flächenmäßig zu den größten Gemeinden am nordamerikanischen Kontinent mit 68.454 km² (vgl. Regional Municipality of Wood Buffalo, 2010, S. 2) und besteht aus dem urbanen Zentrum Fort McMurray und zehn kleineren Gemeinden, die sich über die das gesamte Gebiet verteilen, vergleiche Karte 7. Die Urban Service Area Fort McMurray mit einer Bevölkerung von 76.797 Einwohnern (2010) ist das einzige urbane Zentrum der RMWB. Die RMWB liegt in der NADC-Region, welche als besonders ressourcenreich gilt; sie umfasst ca. 60 % der Gesamtfläche – nämlich den gesamten Norden – Albertas (vgl. Opportunitynorth.ca, 2005, S. 2).

Der Aufstieg zu einem bedeutenden Zentrum innerhalb Kanadas ist untypisch, da Fort McMurray im borealen Waldland im kanadischen Norden liegt und einem räumlichen Bereich zuzuordnen ist, der unter dem Begriff der Siedlungsgrenze bekannt ist. Das ist anhand der Siedlungsstruktur und des dünnen Verkehrsnetzes (die Siedlungen nördlich von Fort McKay sind nur per Winterstraße erreichbar) gut erkennbar, siehe Karte 7.

Fort McMurray wurde im Jahr 1870 durch Henry „John" Moberly als Handelsposten der Hudson Bay Company für den Handel mit Pelzen am Zusammenfluss des Athabasca- und des Clearwater-Flusses gegründet. Bis zum Bau der ersten Tagebaumine im Jahr 1967 war diese Gemeinde relativ unbedeutend, trotz des vorhandenen Wissens um die Ölsandlagerstätten. Seitdem zählt die Urban Service Area Fort McMurray zu den am schnellsten wachsenden Städten am nordamerikanischen Kontinent und zieht aufgrund der guten Verdienstmöglichkeiten die Arbeitskräfte aus anderen Provinzen Kanadas und international an. Im Vergleich mit anderen Siedlungen im nördlichen Alberta hat Fort McMurray das höchste Wachstum in absoluten Zahlen zu verzeichnen. Für dieses rasante Wachstum ist allein der Ölsand verantwortlich. In der RMWB sind 7 Tagebauminen in Betrieb und 7 weitere Tagebauminen sind in Planung. Weiters befinden sich 11 aktive In-Situ-Projekte in der Region, 26 sind im Projektierungsstadium, siehe Karte 7.

Karte 7: Region Wood Buffalo mit Standorten der Ölsandprojekte

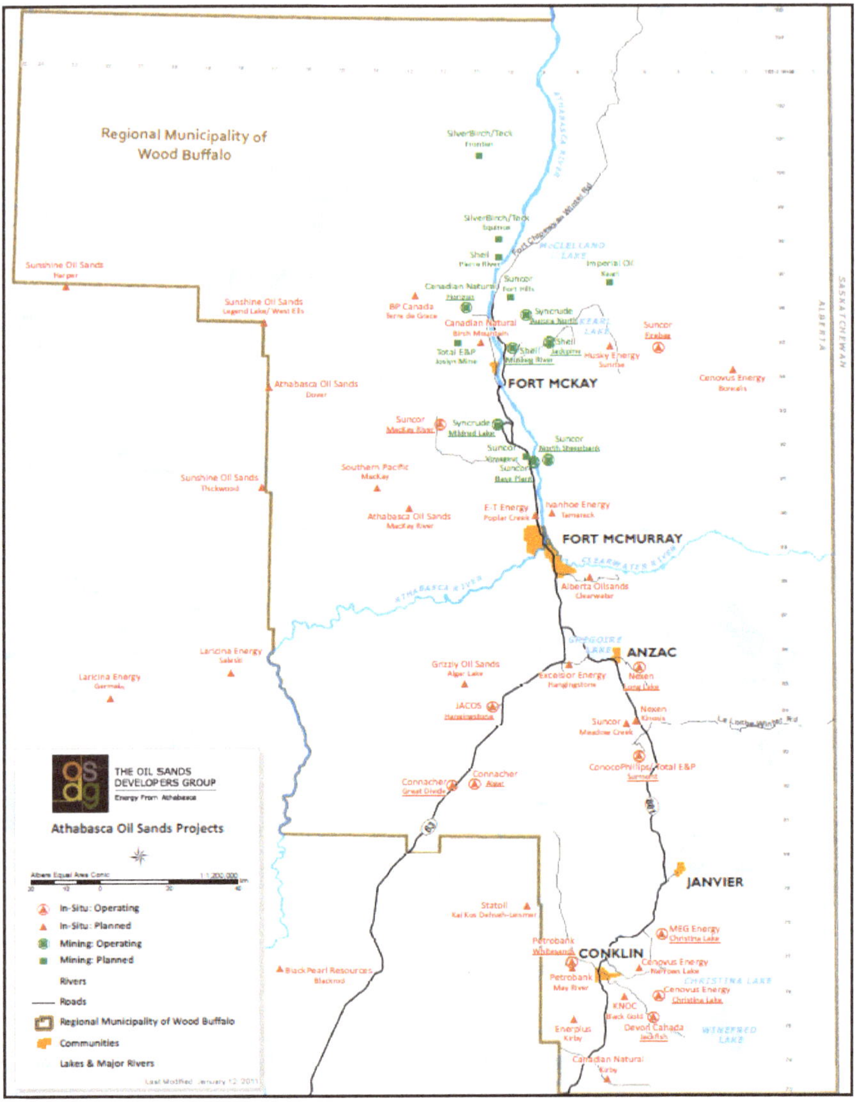

Quelle: The Oil Sands Developers Group, 2011b

Die Schattenseiten dieses Wachstums sind die typischen Effekte einer „Boom Town" wie Kriminalität, Alkohol- und Drogenmissbrauch, Wohnraumknappheit und Arbeitskräftemangel im Dienstleistungssektor, vor allem im Handel und in der Gastronomie. Obdachlosigkeit ist auf Grund der hohen Preise für Wohnraum keine Seltenheit.

5.1 Bevölkerung

In der RMWB leben mit dem Stand von 2010 exakt 104.338 Einwohner, davon entfallen auf Fort McMurray 76.797 Personen, siehe Tabelle 6. Einen Überblick über die Bevölkerungsentwicklung seit dem Jahr 2000 in der RMWB und Fort McMurray, gibt Tabelle 6.

Tabelle 6: Bevölkerung RMWB und Fort McMurray 2000-2010

Regional Municipality of Wood Buffalo	
Gesamtbevölkerung 2010	104.338
Gesamtbevölkerung 2008	103.334
Gesamtbevölkerung 2000	51.850
Bevölkerungswachstum 2008-2010	1,0%
Durchschnittlich jährliches Wachstum 2000-2010	7,4%
Gesamtwachstum seit 2000	101%
Fort McMurray	
Gesamtbevölkerung 2010	76.797
Gesamtbevölkerung 2008	72.363
Gesamtbevölkerung 2000	42.600
Bevölkerungswachstum 2008-2010	6,1%
Durchschnittlich jährliches Wachstum 2000-2010	6,1%
Gesamtwachstum seit 2000	80%

Quelle: Regional Municipality of Wood Buffalo, 2010c, S. 2

Tabelle 6 gibt Überblick über die Bevölkerungsentwicklung für das RMWB und Fort McMurray seit 2000. Das Wachstum von RMWB und Fort McMurray ist eindeutig auf die bergbaulichen Aktivitäten mit dem Ölsand zurückzuführen. Das RMWB hat seit 2000 eine Verdoppelung seiner Bevölkerung erfahren. Fort McMurray ist seit 2000 um 6,1 % jährlich gewachsen. Trotz der Finanzkrise ist Fort McMurray in den Jahren 2000-2010 weiterhin gewachsen, während das RMWB einen Anstieg der Bevölkerung um nur 1 % zu verzeichnen hatte. Die Wirtschaftskrise hat das Bevölkerungswachstum in der Region verlangsamt, aber nicht negativ beeinflusst. Die jährliche Wachstumsrate im Zeitraum 2000-2010 betrug für die Provinz Alberta 2,8 % und für Kanada 1,2 %.

5.1.1 Demographie

Die Gesamtbevölkerung in der RMWB ist in den letzten 10 Jahren signifikant gestiegen, auch im ländlichen Bereich, wo Ölsandprojekte durchgeführt werden. Der Ölsand trägt maßgeblich zum Wachstum in der Region und der Stadt bei. Vor dem Hintergrund des hohen Ölpreises ist davon auszugehen, dass sich dieses Wachstum unvermindert fortsetzen wird, weil neue Tagebauminen, Upgrader und In-Situ-Anlagen in Betrieb gehen werden. Gemäß der Vorhersage des „Municipality Planning and Development Department" besteht die Wahrscheinlichkeit, dass im Jahr 2028 205.000 Personen in der RMWB leben. Die Einwohnerzahl von Fort McMurray zu demselben Zeitpunkt würde bei 133.000 Personen liegen (vgl. Regional Municipality of Wood Buffalo, 2010c, S. 3).

Betrachtet man Tabelle 7, sollte aber nicht vergessen werden, dass es sich hier um eine Region im Einflussbereich der Siedlungsgrenze handelt und extreme Bevölkerungsentwicklungen mit jährlichen Wachstumsraten von 6,1 % und mehr untypisch sind. Die RMWB und Fort McMurray weisen einige demografische und sozioökonomische Besonderheiten auf, wie sie für Siedlungsgrenzräume üblich sind:

Erstens die Bevölkerungsstruktur, die Hälfte der Bevölkerung ist relativ jung, und der Anteil der Senioren liegt knapp unter 2 %. Das Geschlechterverhältnis zeigt, dass die Männer gegenüber den Frauen in der Überzahl sind (vgl. Schröder, 1989, S. 48). Der Männerüberhang liegt bei 56 % der Stadtbevölkerung. Im Zensus von Statistics Canada ist die Schattenbevölkerung jedoch nicht enthalten, das sind jene mobilen Arbeitskräfte, die unter anderen auch in Containercamps leben.

Dieses temporäre Arbeitskräftepotenzial lebt in den Unterkünften der Ölgesellschaften, den „Work Camps", die sich meistens im Bereich der Tagebauminen befinden, in Hotels oder auf Campingplätzen. Im Jahr 2010 belief sich die Schattenbevölkerung auf 23.325 Personen (vergleiche Abbildung 17), das entspricht fast einem Drittel der Bevölkerung von Fort McMurray (vgl. Regional Municipality of Wood Buffalo, 2010c, S. 2). Seit 2000 ist die Schattenbevölkerung insgesamt um 295 % und jährlich seit dem Jahr 2000 um 17,1 % gewachsen (vgl. Regional Municipality of Wood Buffalo, 2010c, S. 2). Kein anderer Bereich ist so stark gewachsen wie die Schattenbevölkerung, die auch Kapazitäten in Form von Gütern und Dienstleistungen in Anspruch nimmt, die entweder von der RMWB oder Fort McMurray bereit gestellt werden. Die soziale Interaktion mit der einheimischen Bevölkerung hält sich aber in Grenzen, was für die soziale Kohäsion der Region und Stadt nicht förderlich ist. Es sind vorwiegend Arbeitskräfte aus anderen Provinzen und verschiedenen Nationen. Die derzeit verfügbaren Kapazitäten der Stadt sind auf diese Situation kaum eingestellt, es kann zu Engpässen in der Versorgung kommen. Die Schattenbevölkerung ist in der letzten Dekade signifikant gestiegen und stellt eine nicht zu vernachlässigende Größe dar, vgl. Abbildung 17. Bei der Planung des Ausbaus der Infrastruktur von Fort McMurray gilt es das zu berücksichtigen. Die Bevölkerungsentwicklung von Fort McMurray verlief in den letzten 60 Jahren nicht einheitlich, wie in Abbildung 18 sichtbar wird. Die Darstellung beruht auf die Daten des Zensus, der alle 5 Jahre durch Statistics Canada durchgeführt wird.

Tabelle 7: Bevölkerungsentwicklung in der RMWB 2000-2010 nach Gemeinden[12]

Gemeinde	**2000**	**2002**	**2004**	**2006**	**2008**	**2010**
Fort McMurray	42.600	47.757	56.111	61.366	72.363	76.797
Anzac	446	548	647	711	837	785
Conklin	219	213	210	338	372	337
Draper	60	84	141	118	267	254
Fort Chipewyan	1.036	1.012	1.146	915	1.016	1.261
Fort Fitzgerald	-	30	4	4	10	8
Fort McKay	399	186	218	536	862	44
Gregoire Lake Estates	206	184	206	285	253	248
Janvier	185	143	112	218	194	195
Mariana Lake	15	11	8	9	4	-
Saprae Creek	659	603	624	728	864	926
Hinterland	122	–	–	47	8	158
Schattenbevölkerung	5.903	8.063	7.678	10.442	26.284	23.325
Gesamtsumme	51.850	58.834	67.105	75.717	103.334	104.338

Quelle: Regional Municipality of Wood Buffalo, 2010c, S. 4

12 Bei der Zählung 2010 wurde in Fort McKay jene Bevölkerung berücksichtigt, die nicht im Reservat lebt. In der Zählung 2008 wurde hingegen auch die im Reservat lebende Bevölkerung eingerechnet.

Abbildung 17: Schattenbevölkerung Fort McMurray 2000-2010

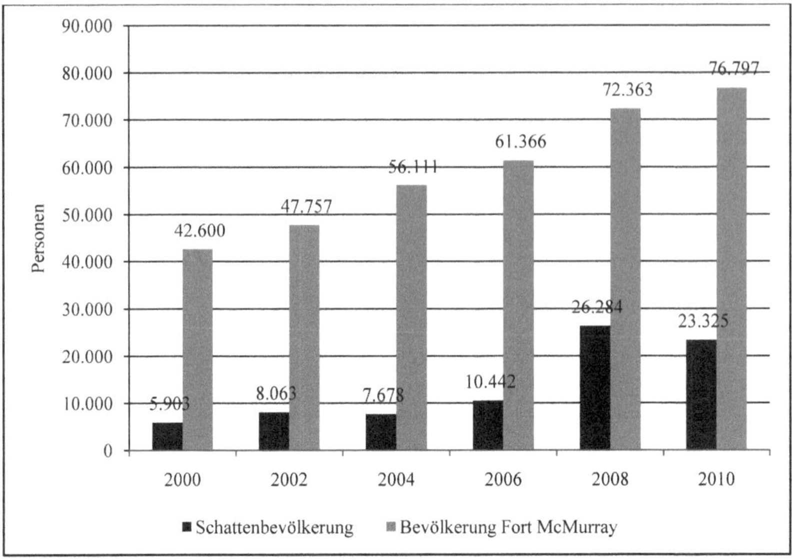

Quelle: Regional Municipality of Wood Buffalo, 2010c, S. 4

Abbildung 18: Bevölkerungsentwicklung Fort McMurray 1951-2006

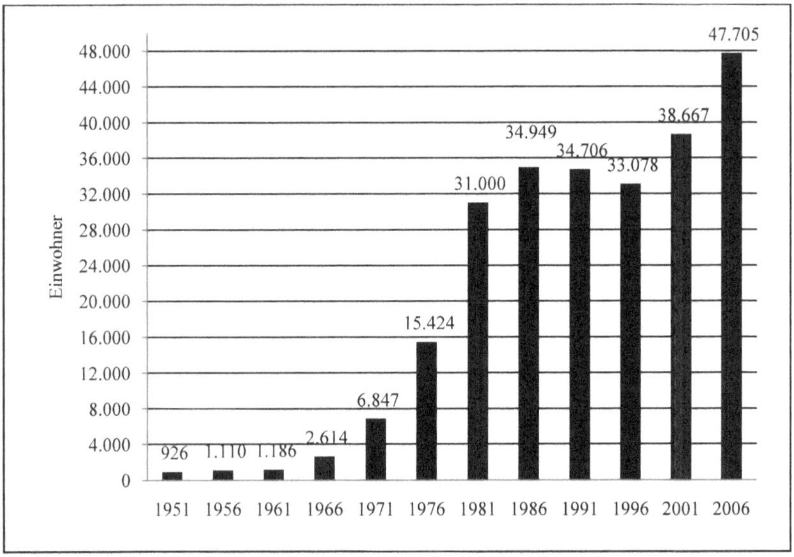

Quelle: http://www.altapop.ca/urbanservareas/fortmcmu.pdf; Abrufdatum: 11.03.2010.

Karte 8: Bevölkerung in Fort McMurray nach Stadtteilen 2010

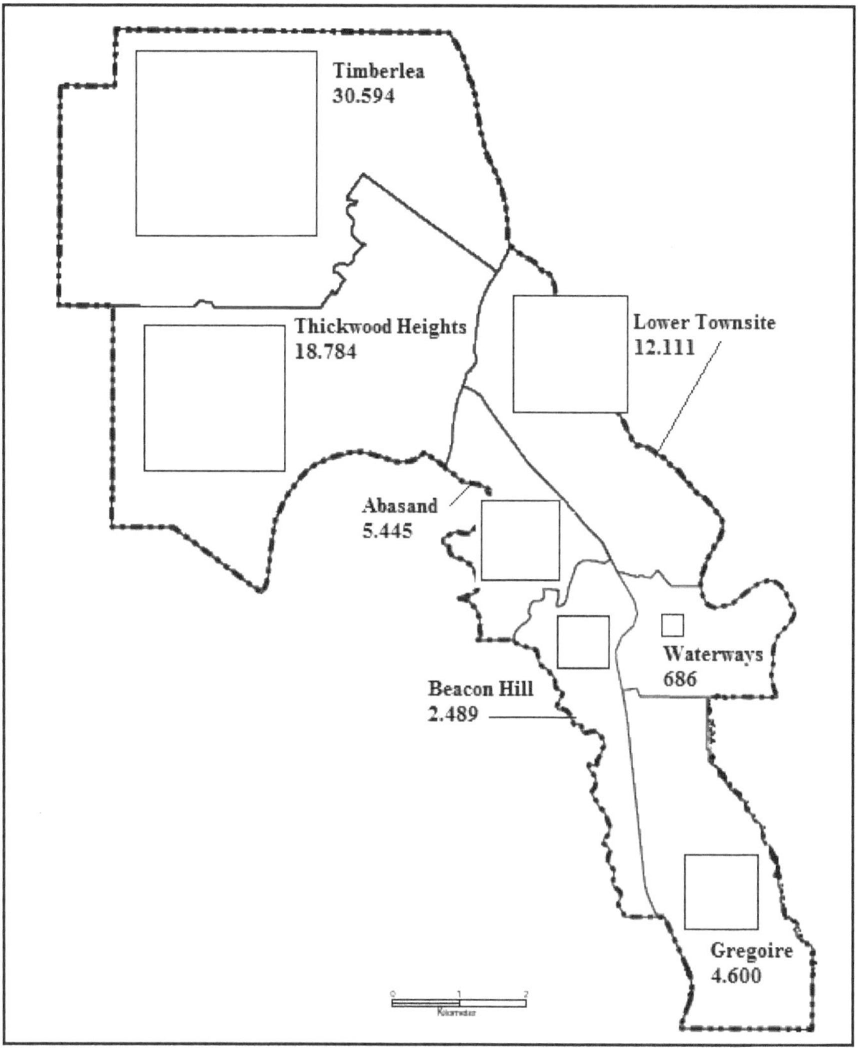

Quelle: Regional Municipality of Wood Buffalo, 2010c, S. 7

1951, im Jahr des ersten Zensus, betrug die Einwohnerzahl in Fort McMurray 926 Personen. In den Zeiträumen 1961-1966, 1966-1971, 1971-1976 sowie 1976-1981 hat sich die Einwohnerzahl jeweils mehr als verdoppelt, siehe Abbildung 18. Die Ursachen für diesen exponentiellen Bevölkerungsanstieg sind die

Errichtung und Inbetriebnahme der beiden Tagebauminen von GCOS (1967) und Syncrude (1976). Die Verdoppelung der Bevölkerung hat wie erwähnt in vier Fünfjahresperioden (1961-1981) stattgefunden, ab dann ist das Wachstum relativ langsam verlaufen. Von 1986 bis 1991 stagnierte die Bevölkerungsentwicklung. 1986 bis 1996 war eine Periode, die von einer Unsicherheit am Markt geprägt war, und geplante Projekte aufgeschoben wurden. Erneut ab 1996 war ein Wachstum zu verzeichnen, das aber nicht mehr an die starken Zunahmen der 1970er Jahre anschließen konnte. In Abbildung 18 ist die positive Korrelation des Bevölkerungswachstums mit der erwähnten Errichtung neuer Tagebauminen und anderer relevanter Projekte zur Erschließung der Ölsandvorkommen erkennbar. Die Marktlage ist ein weiterer Erklärungsfaktor. Die weltweite Wirtschaftskrise 2008 hat mit dem Verfall der Rohölpreise auch Auswirkungen auf die RMWB gehabt. In Fort McMurray konnte sich das Bevölkerungswachstum 2008-2010 bei 6,1 % im Plus halten (vgl. Regional Municipality of Wood Buffalo, 2010c, S. 2).

Abbildung 19: Bevölkerungsverteilung Fort McMurray nach Stadtteilen 2010

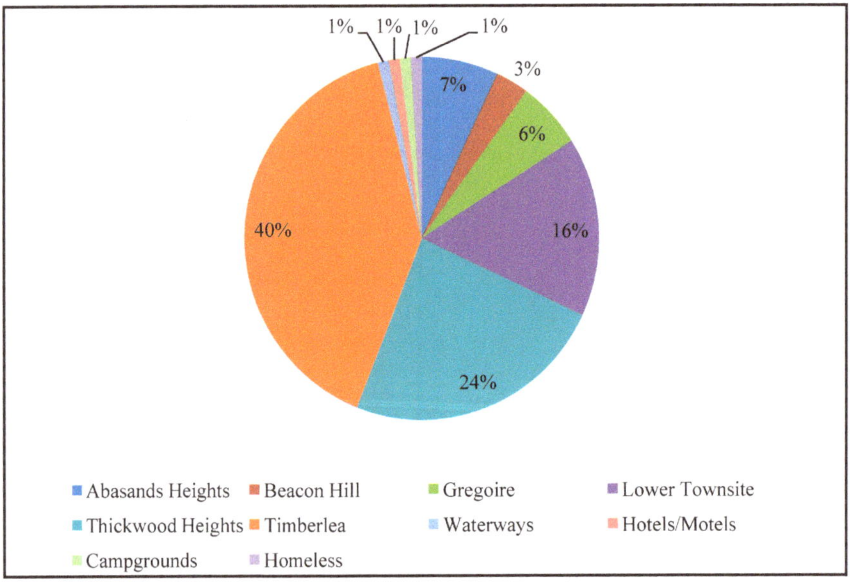

Quelle: Regional Municipality of Wood Buffalo, 2010c, S. 8

Karte 8 zeigt die Bevölkerungsverteilung in Fort McMurray ohne Berücksichtigung topographischer Gegebenheiten. Die Stadt Fort McMurray besteht derzeit aus sieben Stadtteilen: Abasands, Beacon Hill, Gregoire, Lower Townsite, Thickwood Heights, -imberlea und Waterways. Von den 76.797 Einwohnern von

Fort McMurray leben 64 % im nordwestlichen Teil der Stadt, in den Stadtteilen Timberlea und Thickwood Heights, siehe Abbildung 19. Beide Stadtteile sind durch den Athabascafluss von der übrigen Stadt getrennt und nur über Brücken erreichbar. Timberlea und Thickwood zeichnen sich durch eine hohe Dichte an Einfamilienhäusern aus.

5.1.2 Einkommen und Beschäftigung

Im Jahr 2006 betrug das durchschnittliche Medianeinkommen für eine Familie in der RMWB 124.592 Cdn$. Zum Vergleich: in der Provinz Alberta liegt das Medianeinkommen bei 73.823 Cdn$. Das männliche Medianeinkommen in der RMWB wird auf einen Wert von 76.645 Cdn$ geschätzt, das entspricht ungefähr dem Doppelten des Medianeinkommens in der Provinz. Das Medianeinkommen der Frauen liegt unter dem Wert der Männer. Es liegt in der RMWB bei einem Wert von 24.452 Cdn$. Das Medianeinkommen der Provinz Alberta für Frauen beträgt 21.753 Cdn$. Gesamt betrachtet sind die Medianeinkommen für Familien und Männer in der RMWB signifikant höher als in der Provinz Alberta, siehe Abbildung 20.

Abbildung 20: Medianeinkommen 2005, nach Geschlecht, RMWB und Alberta

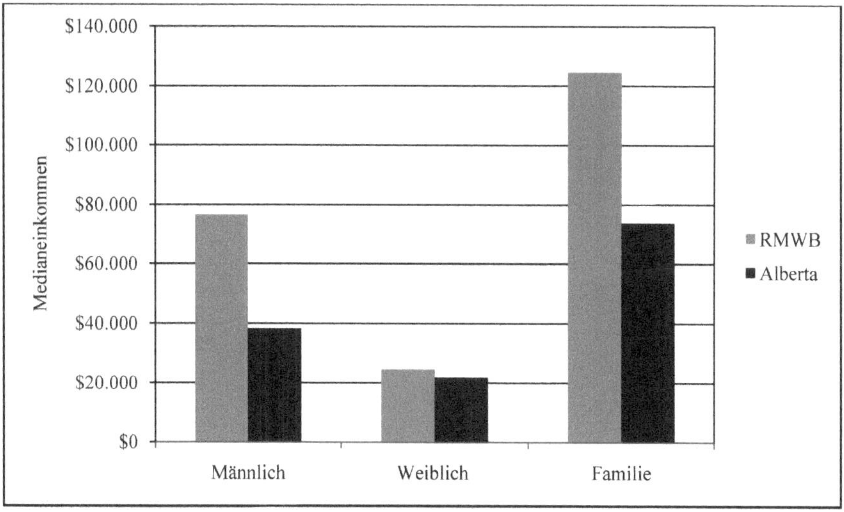

Quelle: Royal Society Canada, 2010, S. 212

Das Medianeinkommen für Frauen unterscheidet sich eher geringfügig zwischen der Provinz und der RMWB die Differenz beträgt 2.699 Cdn$. Diese Diskrepanz zwischen männlichem und weiblichem Medianeinkommen ist darauf zurückzuführen, dass Männer höhere Bonifikationen und auch ein höheres Gehalt beziehen.

Tabelle 8 zeigt die Branchen der NADC-Region und das Verhältnis zu der Provinz Alberta. Es ist festzuhalten, dass der Bergbau in der NADC-Region einen maßgeblichen Anteil der Beschäftigten stellt. Das ist auf den Ölsandabbau zurückzuführen. Andere Branchen unterscheiden sich weniger stark vom südlichen Alberta.

Tabelle 8: Beschäftigung nach Branchen Alberta und NADC-Region 2005[13]

Branche	**Alberta**	**südliches Alberta**	**in %**	**NADC-Region**	**in %**
Landwirtschaft	74.430	60.870	3,62	13.560	7,59
Bergbau	127.705	99.125	5,90	28.580	16,02
Baugewerbe	161.540	144.375	8,59	17.165	9,62
Gewerbe	134.160	125.350	7,45	8.810	4,93
Transport und Versorger	113.715	101.350	6,03	12.365	6,93
Groß- und Einzelhandel	281.540	257.545	15,32	23.995	13,45
Finanz- und Immobilien	95.235	89.080	5,30	6.155	3,44
Bildung	117.000	105.805	6,29	11.195	6,27
Gesundheitswesen	170.750	158.125	9,40	12.625	7,07
sonst. Dienstleistungen	496.460	462.660	27,52	33.800	18,94
Öffentliche Verwaltung	87.430	77.140	4,59	10.290	5,76
Gesamt	1.859.965	1.681.425	100,00	178.540	100,00

Quelle: eigene Berechnungen anhand von Northern Alberta Development Council, 2009, Appendix S. 5

Abbildung 21: Arbeitslosenrate Alberta und Kanada im Vergleich 1999-2009

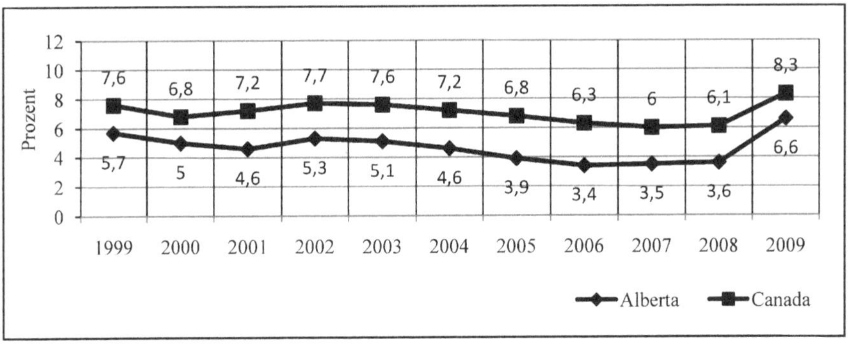

Quelle: Energy Resources Conservation Board, 2010, S. 36

13 Die Rechensumme ergibt 178.540 Erwerbstätige für die NADC-Region, die Quelle sagt aber was anderes.

Wie man aus Abbildung 21 entnehmen kann, ist die Arbeitslosenrate von Alberta im direkten Vergleich mit Kanada geringer. In den Jahren 2006 und 2007 lag die Arbeitslosigkeit in Alberta bei 3,4 % beziehungsweise bei 3,5 % was praktisch einer Vollbeschäftigung gleichkommt. Der Grund für die niedrige Arbeitslosigkeitsrate ist der Ressourcenreichtum der Provinz Alberta. Die Finanzkrise 2008 hat auch in der Provinz Alberta zu einem Anstieg der Arbeitslosigkeit geführt, von 3,6 % in 2008 auf 6,6 % in 2009.

5.2 Infrastruktur

Die derzeitige Infrastruktur ist für das schnelle Wachstum der letzten Jahre nicht ausgelegt und stößt an die Grenzen ihrer Kapazität. Alle Versorgungsbereiche wie Abwasser, Strom, Wasser und Gas müssen entsprechend adaptiert werden. Auch das Verkehrsnetz (Landstraßen und Eisenbahnlinien) muss neu adaptiert sowie erweitert werden, um den zunehmenden Last- und Personenverkehr aufnehmen zu können. Fort McMurray investiert viel in die Infrastruktur, denn inadäquate Infrastruktur und mangelhafte Dienstleistungen führen zu einer Verringerung der Lebensqualität der Einwohner.

5.2.1 Straßennetz

Durch das vom Abbau des Ölsandes ausgelöste rasante Bevölkerungswachstum steht die RMWB und insbesondere die Urban Service Area Fort McMurray vor besonderen Herausforderungen, denn das Straßennetz ist für das zunehmende Verkehrsaufkommen nicht ausgelegt. Die RMWB, Teil der NADC-Region, ist nicht Bestandteil des kanadischen Kernraumes, sondern gehört zum Hinterland, das im geographischen Kontext auch die Siedlungsgrenze beinhaltet. Der Bereich der Siedlungsgrenze ist so weit erschlossen, wie es für den Funktionserhalt dortiger Siedlungsstrukturen und Bergbauaktivitäten notwendig ist. Jede Erschließung, ob Straßen oder andere Versorgungseinrichtungen, ist mit Kosten verbunden, die von der geringen Bevölkerung kaum getragen werden können. Die Provinzregierung mit der zuständigen Behörde Alberta Transportation investiert nur dann, wenn auch der Kosten-Nutzen-Faktor gegeben ist. Die gesamte Provinz profitiert vom Ausbau des Straßennetzes in der NADC-Region. Das Straßennetz wird Richtung Norden spärlicher, siehe Karte 9.

Karte 9: „Northern Highways Strategy“ 2008

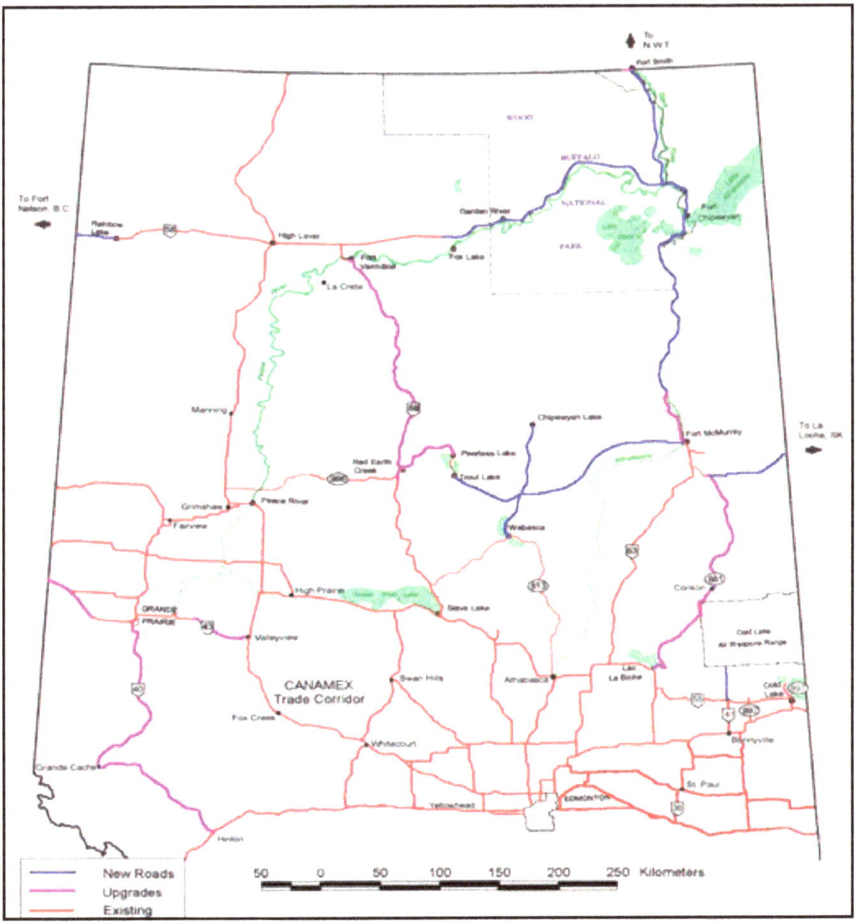

Quelle: Northern Alberta Development Council, 2008, S. 9

Das Straßennetz im Bereich der Siedlungsgrenze weist das typische Nord-Süd-Muster aus, siehe Karte 9. Die Straßen nördlich von Edmonton verlaufen in Nord-Süd-Richtung, Ost-West-Verbindungen sind kaum vorhanden. Die ökonomische Bedeutung der NADC-Region mit den großen Ölsandlagerstätten ist sowohl für die Provinz Alberta als auch für den Staat Kanada enorm gestiegen. Die Erweiterung des Straßennetzes wird als Katalysator für das weitere Wirtschaftswachstum in der RMWB wie auch für die NADC-Region betrachtet und stellt einen Schlüsselfaktor dar (vgl. Northern Alberta Development Council, 2008, S. 1). Der Ausbau des

Straßennetzes im nördlichen Alberta und damit auch in der RMWB ist Teil des sogenannten „Northwestern Canadian Integrated Road Network Plan" (NCIRNP), eines Konzepts, das 1998 entwickelt wurde, um die Integration der Highways innerhalb und zwischen den Provinzen des nordwestlichen Kanada zu fördern. Das allgemeine Ziel des NCIRNP ist, ein Grundgerüst für die künftige Entwicklung des integrierten Straßennetzes im nordwestlichen Kanada bereitzustellen. Vertreter von Gemeinden, Provinzregierung und der Wirtschaft fanden sich zusammen, um über die Straßen im nördlichen Kanada zu diskutieren.

Von der Umsetzung des NCIRNP erwartet man sich eine verstärkte Mobilität der Einwohner, besseres Arbeitskräfteangebot, neue Beschäftigungsmöglichkeiten und mehr Einnahmen für die Provinzregierung durch Steuern (vgl. Northern Alberta Development Council, 2008, S. 11). Außerdem erwartet man sich eine bessere Anbindung an die Siedlungen der „Natives".

Im NCIRNP sind die folgenden Straßenprojekte aufgelistet:

- Northern Alberta East-West Highway Corridor
- Highway 58
- Highway 88
- Secondary Highway 881
- La Loche Road
- Highway 41
- Highway 63
- Secondary Highway 813
- CANAMEX Trade Corridor – Highway 43

Im Folgenden werden nur jene Straßenprojekte näher erläutert, die für die RMWB und die Urban Service Area Fort McMurray wichtig sind:

- Highway 63
  Der Highway 63 ist die einzige Verbindung zwischen Edmonton im Süden und der Urban Service Area Fort McMurray im Norden. Weiters stellt der Highway 63 die Verbindung zwischen den Tagebauminen und Fort McMurray her. Jeglicher Transport vom Privatfahrzeug bis zum Schwerverkehr, erfolgt über den Highway 63, weil es keine direkte Eisenbahnverbindung nach Fort McMurray und darüber hinaus gibt. Dies macht den Highway 63 zu einer der meistbefahrenen und gefährlichsten Landstraßen in ganz Kanada. Das Verkehrsaufkommen auf dem Highway 63 ist enorm. Im Falle eines Ausfalles des Highway 63 würde jeglicher Verkehr nach Fort McMurray zum Stillstand kommen. Dieser Umstand soll durch den Ausbau des Highways 881 entschärft werden, der als alternative Route nach Fort McMurray ausgebaut wird siehe unten. Nördlich von Fort McMurray geht der Highway 63 ab der Anlage von Syncrude in eine Winterstraße über, hier soll ein Ausbau zur Allwetterstraße

nach Fort Chipewyan am Athabascasee erfolgen. Die Siedlungen der Natives wären damit leichter zugänglich. Die Verbindung zwischen Edmonton und Fort McMurray soll mehrspurig ausgebaut werden. Innerhalb von Fort McMurray soll der Highway 63 in einen Freeway umgewandelt werden. Das entspricht in etwa einer österreichischen Autobahn und ermöglicht laut „Alberta Infrastructure and Transportation" eine höhere Geschwindigkeit und Kapazität sowie mehrere Spuren. Im Gegenzug kann diese Autobahn nur noch über Auf- und Abfahrten erreicht werden, weil die Kreuzungsbereiche wegfallen (vgl. Regional Municipality of Wood Buffalo, 2007c, S. 12).

- Highway 881
  Diese Straße dient als alternative Route für den parallel laufenden Highway 63 und zu den Ölsandanlagen und hat daher eine besondere Bedeutung für Fort McMurray (vgl. NADC, 2008, S. 14). Im Falle eines Ausfalles des Highway 63 stellt dieses Straßenstück eine Notfallverbindung nach Fort McMurray dar. Der Highway 881 soll außerdem den Highway 63 verkehrsmäßig entlasten. 2008 wurde die Asphaltierung des Highways fertiggestellt.

- La Loche Road
  Diese Landstraße dient der Verbindung von Fort McMurray nach La Loche in der Nachbarprovinz Saskatchewan und ist derzeit eine Winterstraße, die in eine Allwetterstraße umgewandelt werden soll. Den Arbeitskräften aus der Provinz Saskatchewan soll damit die Erreichbarkeit der Urban Service Area Fort McMurray erleichtert und den Einwohnern von Fort McMurray soll der Zugang zu Erholung und Tourismus in der Nachbarprovinz ermöglicht werden.

- Regional Ring Road
  Von der Errichtung der Regional Ring Road erhofft man sich eine Entlastung der bestehenden Brücke über den Athabascafluss, die einen Flaschenhals darstellt. Weiters sollen mit der Regional Ring Road auch die Schwer- und die Gefahrenguttransporte durch Fort McMurray auf ein Minimum reduziert werden. Die derzeitige Situation im nordwestlichen Teil der Stadt erfordert eine zweite Brücke über den Athabascafluss, weil die Einwohnerzahl von Timberlea und Thickwood Heights bei weitem 30.000 Personen übersteigt und laut Planungsgrundsätzen ab diesem Wert eine neue Brücke errichtet werden muss. Die beiden Entwicklungsgebiete Parsons Creek und West Growth Area werden zusätzlichen Verkehr generieren. Das Projekt der Regional Ring Road dient der Entlastung der Verkehrsinfrastruktur innerhalb des Stadtkerns von Fort McMurray. Mit der Umfahrung im westlichen Teil der Stadt werden alle neuen Entwicklungsgebiete angebunden. Der Verkehr, der nicht direkt für die Stadt bestimmt ist, weicht über die Regional Ring

Road aus. Die Kosten für die Regional Ring Road belaufen sich auf 529,74 Millionen Cdn$ (vgl. Regional Municipality of Wood Buffalo, 2007c, S. 60).

5.2.2 Stadtentwicklungsgebiete

Die Urban Service Area Fort McMurray steht angesichts der rasanten Entwicklung der letzten Dekade vor vielen Problemen, die das Wachstum der Stadt nachhaltig belasten könnten. Nicht prognostizierbares Bevölkerungswachstum, Flächenbeschränkungen, Wohnraumknappheit und ein fluktuierendes Arbeitskräftepotenzial sind nur einige der Herausforderungen, die eine optimale Stadtplanung erschweren. Die derzeitige Bevölkerungsdichte in den bestehenden Stadtgebieten Abasand, Beacon Hill, Gregoire, Lower Townsite, Thickwood, Timberlea und Waterways wird in Tabelle 9 dargestellt.

Tabelle 9: Bevölkerungsdichte Fort McMurray nach Stadtteil 2010

Nutzpflanze	**Anbaufläche in der NADC-Region in ha**	**Anteil an NADC-Region**	**Anbaufläche in Alberta in ha**	**Anteil der Anbauflächen der NADC-Region an ganz Alberta**
Weizen	1.060.251	21,0%	6.852.596	15,0%
Hafer	348.837	7,0%	1.364.674	26,0%
Gerste	553.009	11,0%	4.902.090	11,0%
Roggen	7.674	0,2%	117.138	7,0%
Raps	768.003	15,0%	2.660.509	29,0%
Flachs	10.077	0,2%	40.219	25,0%
Luzerne	1.113.334	22,0%	3.915.607	28,0%
Erbsen	100.893	2,0%	608.217	17,0%
Futtermittelsamen	347.158	7,0%	409.251	85,0%

Quelle: Eigene Darstellung, Regional Municipality of Wood Buffalo, 2010c, S. 6

Auf Grund der Prognose des Regional Municipality of Wood Buffalo über das weitere Bevölkerungswachstum wurde es notwendig, eine Einschätzung über die Stadtentwicklungsgebiete für die künftige Expansion der Urban Service Area zu erstellen. Es wurde zwar in der Vergangenheit an einer Planstudie gearbeitet, doch das geschah 1986, als Fort McMurray von einer Stagnation betroffen war. Das „Fringe Area Development Assessment – Urban Service Area“, basierend auf der alten Studie, ist ein neues Strategiepapier aus dem Jahr 2007 mit dem

Ziel, geeignete urbane Wachstumsflächen für die künftige Entwicklung von Fort McMurray zu finden (vgl. Regional Municipality of Wood Buffalo, 2007c, S. 1).

Die Daten aus der alten Studie waren neu zu evaluieren. Es ging um die Identifizierung geeigneter Flächen, die ohne große Aufwand in die bestehende Siedlungs- und Infrastruktur von Fort McMurray integriert werden können.

Karte 10: Stadtentwicklungsgebiete Fort McMurray

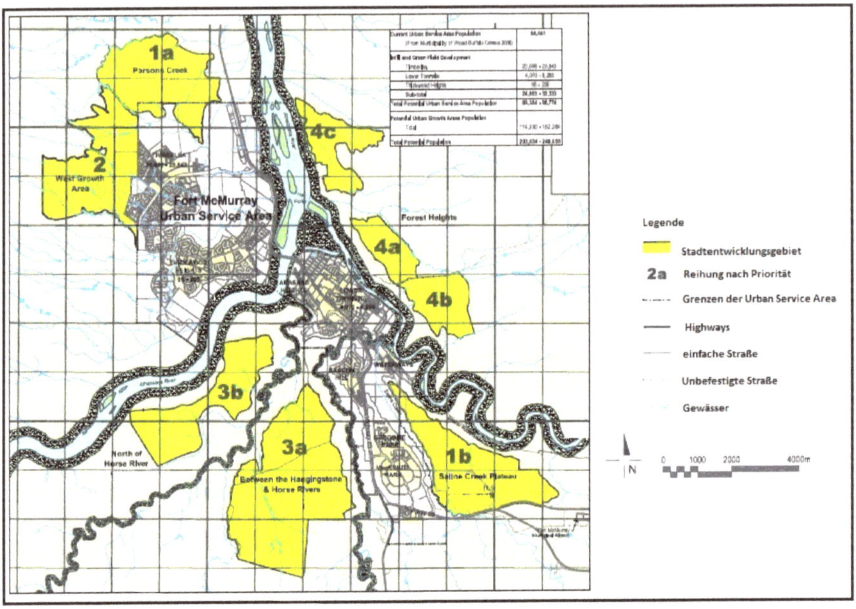

Quelle: veränderte Darstellung, Regional Municipality of Wood Buffalo, 2007a, S. 7

Die neuen Erweiterungsflächen umschließen wie ein Kranz die schon vorhandenen Stadtteile, siehe dazu Karte 10. Diese neuen Flächen sollen, abhängig von der geplanten Einwohnerdichte, Platz für ca. 110.000 bis ca. 152.000 Personen schaffen. Es soll nicht nur Wohnraum, sondern auch Flächen für Geschäfte und Industrie geschaffen werden. Mit Ausnahme der drei Gebiete Forest Heights (4a-4c) im Osten sind alle neuen Flächen in unmittelbarer Nähe bestehender Flächen und können somit an die Infrastruktur mit den entsprechenden Kapazitätserweiterungen angeschlossen werden. Die Forest Heights Gebiete sind mit keiner Infrastruktur verbunden. Abgesehen davon gilt das Gebiet als geologisch herausfordernd; Näheres dazu in der detaillierten Beschreibung. Bei der Erschließung der Stadtentwicklungsgebiete muss Rücksicht auf die geotechnischen und umweltbezogenen Einschränkungen genommen werden, denn Fort McMurray befindet sich im borealen Waldland Kanadas an der Grenze zum diskontinuierlichen Permafrost. Abgesehen vom Permafrost muss der hohe Grundwasserspiegel berücksichtigt werden. In allen Gebieten, die über einen hohen Grundwasserspiegel verfügen, sind Einschränkungen hinsichtlich der Bebauung vorhanden. Außerdem muss das Risiko von Hochwasser eingeplant werden, weil Fort McMurray am Zusammenfluss zweier Flüsse liegt.

Tabelle 10: Gesamtkosten pro Entwicklungsgebiet 2007

Priorität	Stadtentwicklungsgebiet	Infrastrukturkosten (Cdn$)	Kosten für Errichtung der Utilities (Cdn$)	Gesamtkosten / Entwicklungsgebiet (Cdn$)
1a	Parsons Creek	42.050.000	56.210.000	98.260.000
1b	Saline Creek Plateau	73.020.000	105.240.000	178.260.000
2	West Growth Area	46.500.000	48.900.000	95.400.000
3a	Between the Hangingstone and Horse Rivers	142.005.000	142.830.000	284.835.000
3b	North of Horse River	108.765.000	64.270.000	173.035.000
4(a-c)	Forest Heights	203.610.000	76.060.000	279.670.000

Quelle: Regional Municipality of Wood Buffalo, 2007d, S. 7

Die Gesamtkosten pro Entwicklungsgebiet beinhalten alle Ausgaben für die Errichtung der Infrastruktur für Verkehr und Utilities, siehe Tabelle 10. In den Infrastrukturkosten sind Ausgaben für die Errichtung der Straßen, Straßenkreuzungen und Autobahnkreuzungen enthalten, die eine sichere und effiziente Verkehrsanbindung des Stadtentwicklungsgebiets ermöglichen sollen. Die Kosten für die Errichtung der Utilities beinhalten die erforderlichen Ausgaben für Wasser- und Abwasserversorgung. In den Kosten für Wasserversorgung sind Leitungen, Flussüberquerungen, Reservoirs und Pumpstationen enthalten. Abwasserversorgung umfasst die Kosten für Kanalsysteme, Pumpstationen und die Verbindung zum Klärwerk. In den Gesamtkosten für Forest Heights sind alle drei Forest Heights Stadtentwicklungsgebiete enthalten.

Im Vergleich mit anderen Gemeinden in der Provinz Alberta ist mit zusätzlichen Kosten auf Grund des nördlichen Standortes und des Wettbewerbs mit Ölsandprojekten um Arbeitskräfte und Material zu rechnen.

Das Ergebnis des „Fringe Area Development Assessment Urban Service Area“ waren acht neue Stadtentwicklungsgebiete, die nach Priorität 1a-4c geordnet wurden. Parsons Creek und Saline Creek Plateau stehen im Ranking an erster Stelle, siehe Tabelle 11. Das Strategiepapier schlägt vor, beide Entwicklungsgebiete gleichzeitig zu erschließen, wobei zuerst mit Parsons Creek begonnen werden sollte. Da beide

Gebiete in Nachbarschaft zu vorhandener Verkehrsinfrastruktur liegen, sind die Kosten der Erschließung geringer als in den anderen Entwicklungsgebieten. Mit der Entwicklung von Parsons Creek und der Errichtung der Regional Ring Road erfolgt der nächste Schritt der Erschließung der West Growth Area. Jeglicher Ausbau der West Growth Area ist von der Regional Ring Road abhängig. Alle anderen Stadtentwicklungsgebiete werden nach Rangfolge erschlossen.

Tabelle 11: Stadtentwicklungsgebiete Fort McMurray 2007 projektierte Bevölkerung

Stadtentwicklungsgebiete Fort McMurray					
Prioritä	**Entwicklungsgebiete**	**Nutzbare Fläche in % an Gesamtfläche**	**Projektierte Bevölkerung je nach Einwohnerdichte**		
			65pph	80pph	95pph
1a	Parsons Creek	70%	16.042	19.440	22.743
1b	Saline Creek Plateau	93%	16.218	19.656	20.000
2	West Growth Area	90%	21.912	25.504	29.631
3a	Between the Hangingstone and Horse Rivers	78%	29.484	35.480	41.225
3b	North of Horse River	56%	10.335	12.640	14.896
4a	Forest Heights Central	70%	5.103	6.232	7.344
4b	Forest Heights South	28%	1.606	1.960	2.309
4c	Forest Heights North	90%	9.828	12.000	14.136
		Gesamtsumme	110.548	132.912	152.284

Quelle: vgl. Regional Municipality of Wood Buffalo, 2007b, S. 37

5.2.2.1 Parsons Creek (1a)

Parson Creek liegt im Entwicklungsplan an erster Stelle, gleichauf mit Saline Creek Plateau, trotz Einschränkungen durch topographische Gegebenheiten. Parsons Creek liegt im Norden des Stadtgebietes, und grenzt an den Stadtteil Timberlea an. Das Gebiet hat eine Gesamtfläche von 814,9 ha.

30 % der Fläche sind versumpft und für Bebauung ungeeignet, siehe die beige eingefärbten Flächen in Abbildung 22. Die restlichen 70 % der Gesamtfläche sind für eine urbane Entwicklung geeignet, das sind Räume im Osten und Nordwesten des Stadtentwicklungsgebietes. Abzüglich dieser für die Bebauung ungeeigneten Flächen sowie weiterer Flächen für Straßen und Sicherheitsabstände zu Gewässern und Abhängen verbleibt eine Bruttoentwicklungsfläche von 407 ha. Von der Bruttoentwicklungsfläche sind die ausgewiesenen Flächen für Gemeindeservices abzuziehen und damit verbleibt eine Fläche von 264,6 ha für die

Bebauung mit Wohngebäuden und Geschäften. Die versumpften Flächen sind vorwiegend auf den hohen Grundwasserspiegel zurückzuführen, der zwischen 1,0 m in schlechten Lagen bis 18,7 m in guten Lagen variiert. Die Kosten für die Erschließung sind auf Grund der Nähe zum Highway 63 und der bestehenden Verkehrsinfrastruktur in Timberlea relativ gering. Für eine vollständige Entwicklung von Parsons Creek ist die Errichtung der Regional Ring Road und ein Beenden bestehender Landnutzung durch Öl und Gas unabdingbar.

Abbildung 22: Entwicklungsgebiet Parsons Creek

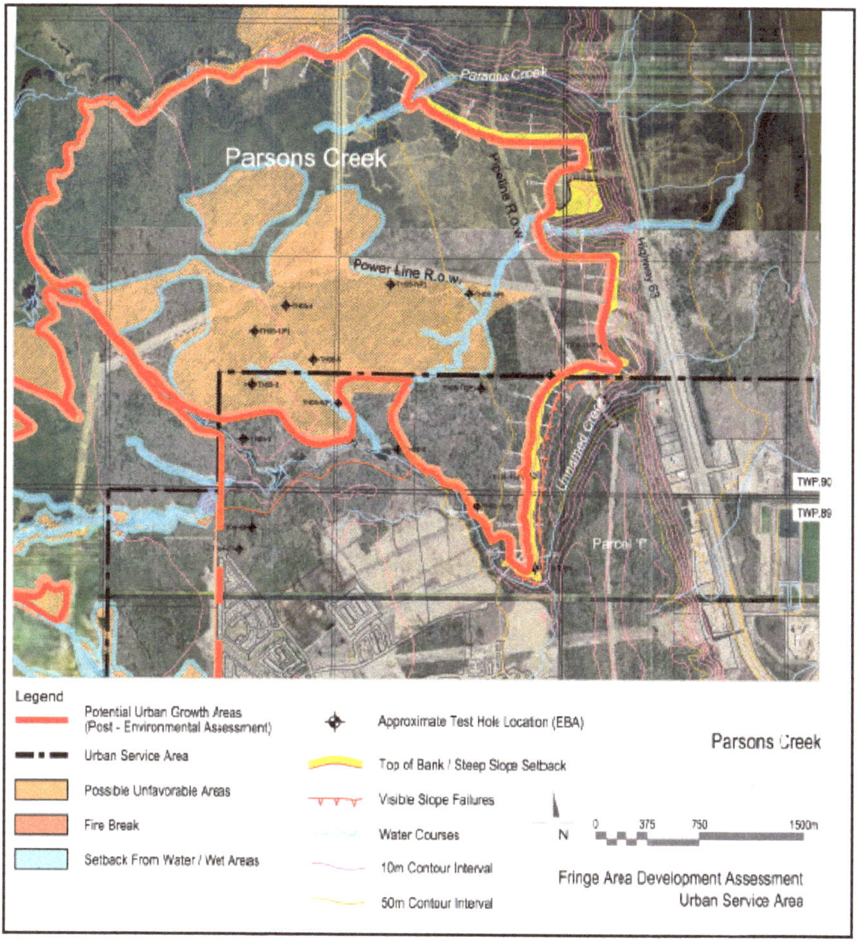

Quelle: Regional Municipality of Wood Buffalo, 2007c, S. 13

5.2.2.2 Saline Creek Plateau (1b)

Das Saline Creek Plateau befindet sich im Südosten von Fort McMurray und besitzt eine Gesamtfläche von 859,6 ha. Die Zufahrt zum Gebiet erfolgt über den Highway 69. Ein Teil der Fläche ist als Ölsand-Pacht vergeben.

Abbildung 23: Entwicklungsgebiet Saline Creek Plateau

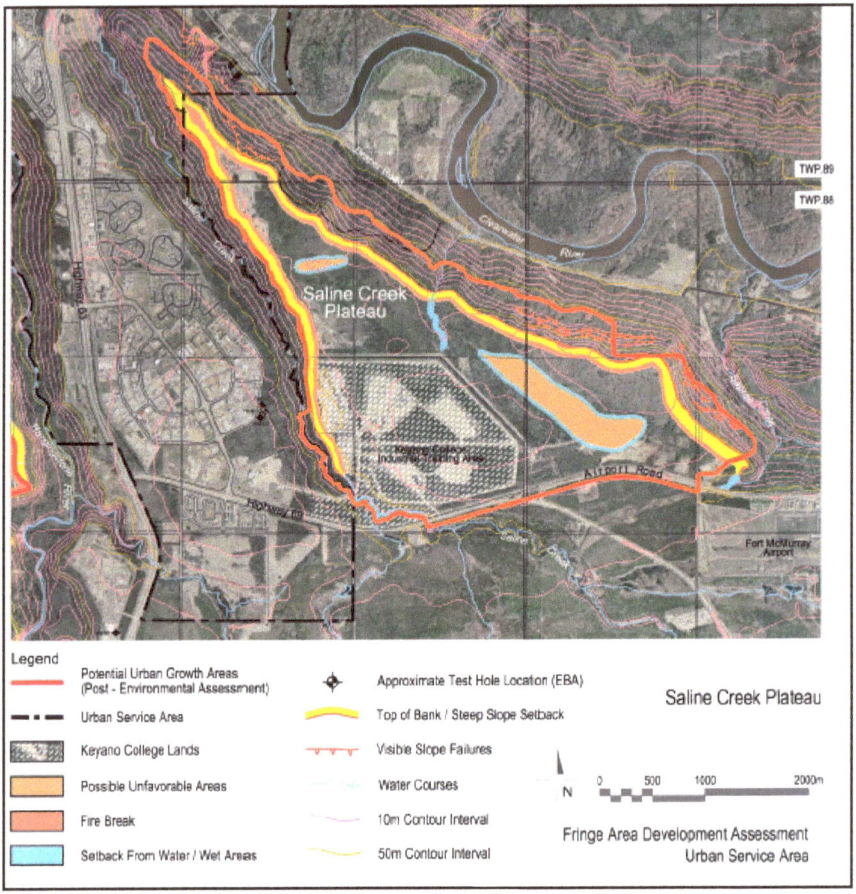

Quelle: Regional Municipality of Wood Buffalo, 2007c, S. 8

93 % der Fläche sind für die Bebauung geeignet; die restlichen 7 % der Fläche (vgl. beige eingefärbte Flächen in Abbildung 23) sind wegen des hohen Grundwassersspiegels versumpft und damit nicht erschließbar. Abzüglich dieser für die

Bebauung ungeeigneten Flächen sowie weiterer Flächen für Straßen und Sicherheitsabstände zu Gewässern und Abhängen verbleibt eine Bruttoentwicklungsfläche von 464 ha. Von der Bruttoentwicklungsfläche sind die ausgewiesenen Flächen für Gemeindeservices abzuziehen und damit verbleibt eine Fläche von 267,5 ha für die Bebauung mit Wohngebäuden und Geschäften. Trotz einiger Einschränkungen wird das Saline Creek Plateau für die urbane Entwicklung als hervorragend bewertet. Das Stadtentwicklungsgebiet hat wie Parsons Creek die vorteilhafte Nähe zu bestehender Infrastruktur wie der Flughafenstraße und dem Highway 69. Damit reduzieren sich die Kosten für die Infrastruktur deutlich. Auf Grund der Nähe zum Flughafen gibt aber es Beschränkungen hinsichtlich des Lärms und der Bauhöhe. Im Stadtentwicklungsgebiet wurde bereits durch die Errichtung einer Pumpstation und den Ausbau eines Reservoirs mit dem Aufbau der Wasserversorgung für die künftige Bevölkerung begonnen. Auf Grund von Einschränkungen in der Versorgung durch Gemeindedienstleistungen ist die Anzahl der Einwohner im neuen Stadtteil mit maximal 20.000 Personen limitiert, siehe Tabelle 11.

5.2.2.3 West Growth Area (2)

Die West Growth Area liegt nordwestlich von Fort McMurray an der Grenze zum bereits existierenden Stadtteil Timberlea und grenzt nördlich an das Stadtentwicklungsgebiet Parsons Creek. Die West Growth Area hat eine Gesamtfläche von 887,3 ha (vgl. Regional Municipality of Wood Buffalo, 2007c, S. 25).

90 % der Fläche der West Growth Area sind für eine urbane Entwicklung geeignet. Die restlichen 10 % sind auf Grund des hohen Grundwasserspiegels Sumpflandschaft und für eine Bebauung ungeeignet, siehe die beige eingefärbten Flächen in Abbildung 24. Abzüglich dieser für die Bebauung ungeeigneten Flächen sowie weiterer Flächen für Straßen und Sicherheitsabstände zu Gewässern verbleibt eine Bruttoentwicklungsfläche von 556 ha. Die zur Verfügung stehende Fläche für die Bebauung mit Wohn- und Geschäftsgebäuden abzüglich der Flächen für die öffentliche Einrichtungen beträgt 361,4 ha. Das Stadtentwicklungsgebiet, das mit Espen und Fichten dicht bewaldet ist, wird durch viele Bäche, die in östliche Richtung zum Athabasca fließen, entwässert. Der Grundwasserspiegel befindet sich in durchschnittlicher Tiefe von 1,1 bis 2,5 m (vgl. Regional Municipality of Wood Buffalo, 2007c, S. 25).

Abbildung 24: Entwicklungsgebiet West Growth Area

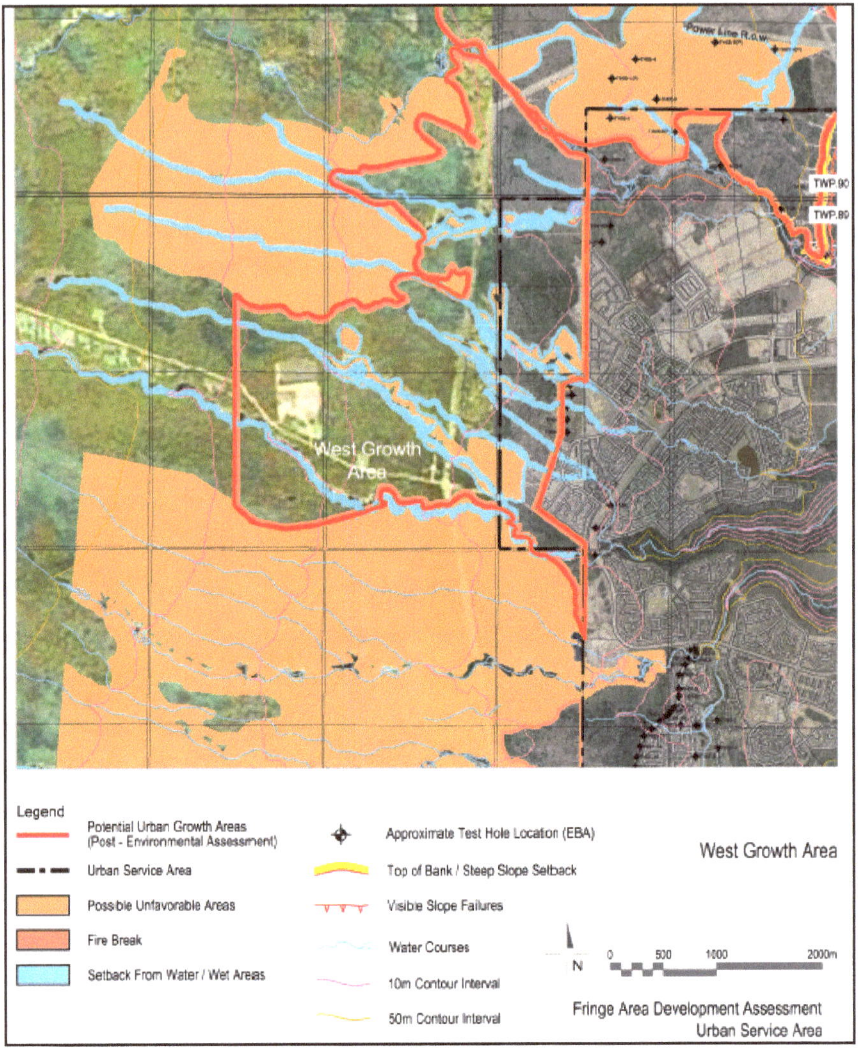

Quelle: Regional Municipality of Wood Buffalo, 2007, S. 24

5.2.2.4 Between the Hangingstone and Horse Rivers (3a)

Das Gebiet erstreckt sich über eine Gesamtfläche von 1.553 ha und befindet sich östlich vom Stadtentwicklungsgebiet North of Horse River. Die geotechnische

Untersuchung hat ergeben, dass 78 % der Fläche für die Erschließung geeignet sind, vergleiche Abbildung 25.

Abbildung 25: Entwicklungsgebiet Between the Hangingstone & Horse Rivers

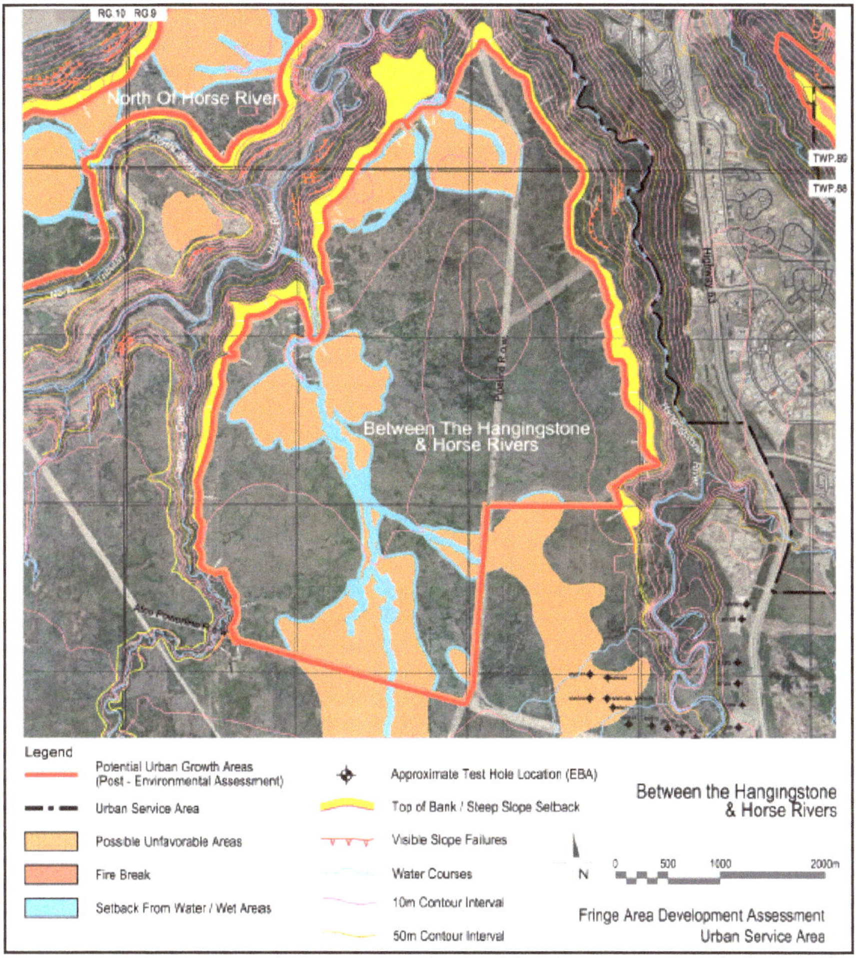

Quelle: Regional Municipality of Wood Buffalo, 2007c, S. 16

Nach Abzug der für die Bebauung ungeeigneten Flächen sowie weiterer Flächen für Straßen, Sicherheitsabstände zu Gewässern verbleibt eine Bruttoentwicklungsfläche von 556 ha. Die Fläche für die Bebauung mit Wohn- und Geschäftsgebäuden beläuft sich auf 502,8 ha. Der Grundwasserspiegel liegt 1-3 m unter der Oberfläche in dem Stadtentwicklungsgebiet. Die Mächtigkeit der Moorschichten im südöstlichen Teil des Stadtentwicklungsgebietes beträgt bis zu einem Meter.

5.2.2.5 North of Horse River (3b)

Das Stadtentwicklungsgebiet North of Horse River hat eine Gesamtfläche von 679,7 ha und liegt südlich von Fort McMurray entlang des Athabasca-Flusses, siehe Abbildung 26.

Abbildung 26: Entwicklungsgebiet North of Horse River

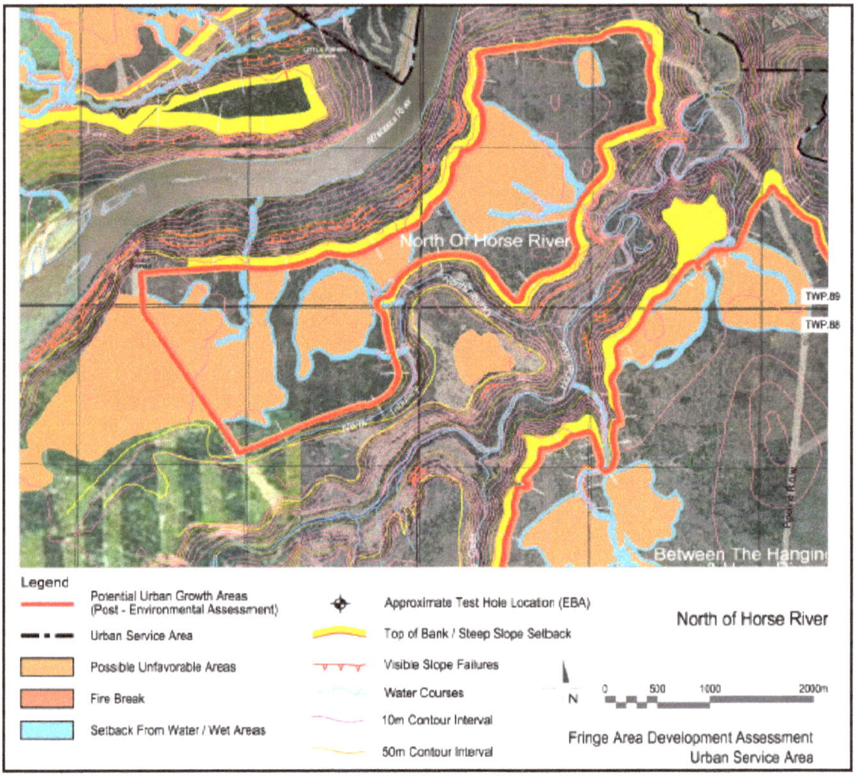

Quelle: Regional Municipality of Wood Buffalo, 2007c, S. 21

Nach Abzug der für die Bebauung ungeeigneten Flächen, die hier ca. 44 % der Gesamtfläche ausmachen, sowie nach Abzug weiterer Flächen für Straßen und Sicherheitsabstände zu Gewässern verbleibt eine Bruttoentwicklungsfläche von 254 ha, davon sind 165 ha für Wohn- und Geschäftsflächen reserviert.

5.2.2.6 Forest Heights Central (4a)

Die Gesamtfläche dieses Entwicklungsgebiets beträgt 236,7 ha; es liegt östlich des Clearwater-Flusses zwischen den weiteren Entwicklungsgebieten Forest Heights North und Forest Heights South.

Abbildung 27: Entwicklungsgebiet Forest Heights Central

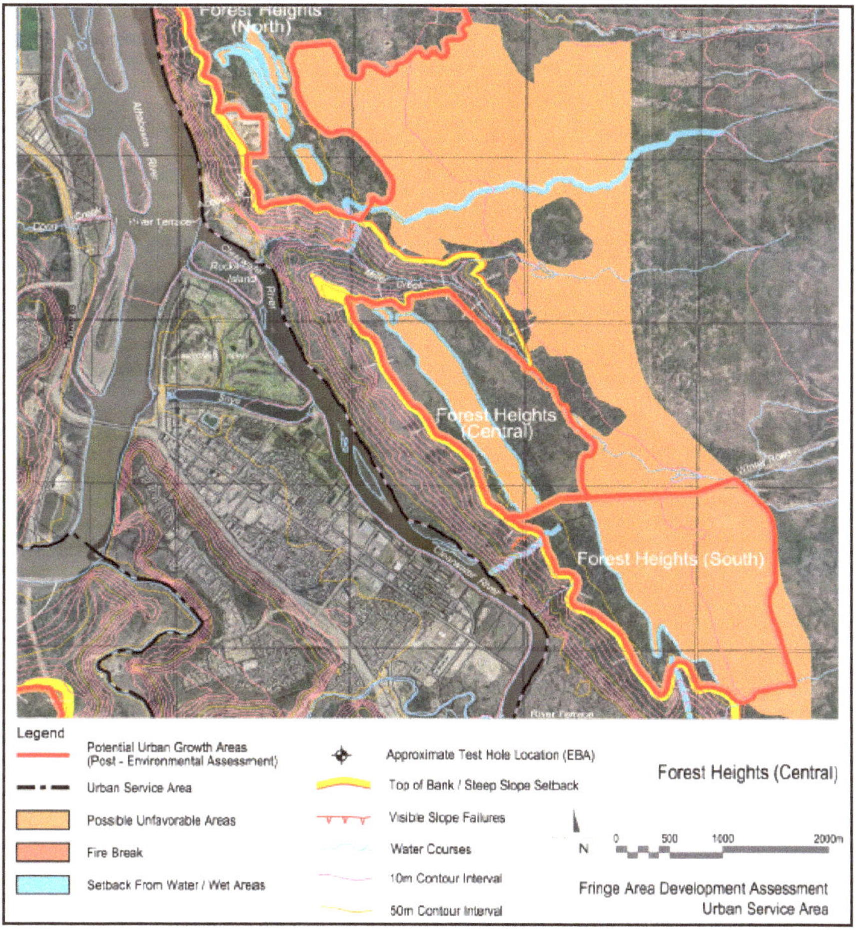

Quelle: Regional Municipality of Wood Buffalo, 2007c, S. 32

Ungefähr 30 % der Gesamtfläche sind Sumpflandschaft und auf Grund des oberflächennahen Grundwasserspiegels nicht erschließbar, denn dieser zieht sich in Nord-

Süd Richtung durch das Gebiet, siehe beige eingefärbte Fläche in Abbildung 27. Die verfügbare Fläche für Wohn- und Geschäftsgebäude beträgt 81,4 ha.

5.2.2.7 Forest Heights South (4b)

Das Entwicklungsgebiet liegt östlich des Clearwater-Flusses und verfügt über eine Gesamtfläche von 334,9 ha. Forest Heights South ist derzeit nur im Winter über eine Straße über den gefrorenen Fluss erreichbar und gilt als nicht erschlossen. Es ist die Errichtung einer Brücke erforderlich, um das Gebiet ganzjährig nutzen zu können.

Abbildung 28: Entwicklungsgebiet Forest Heights South

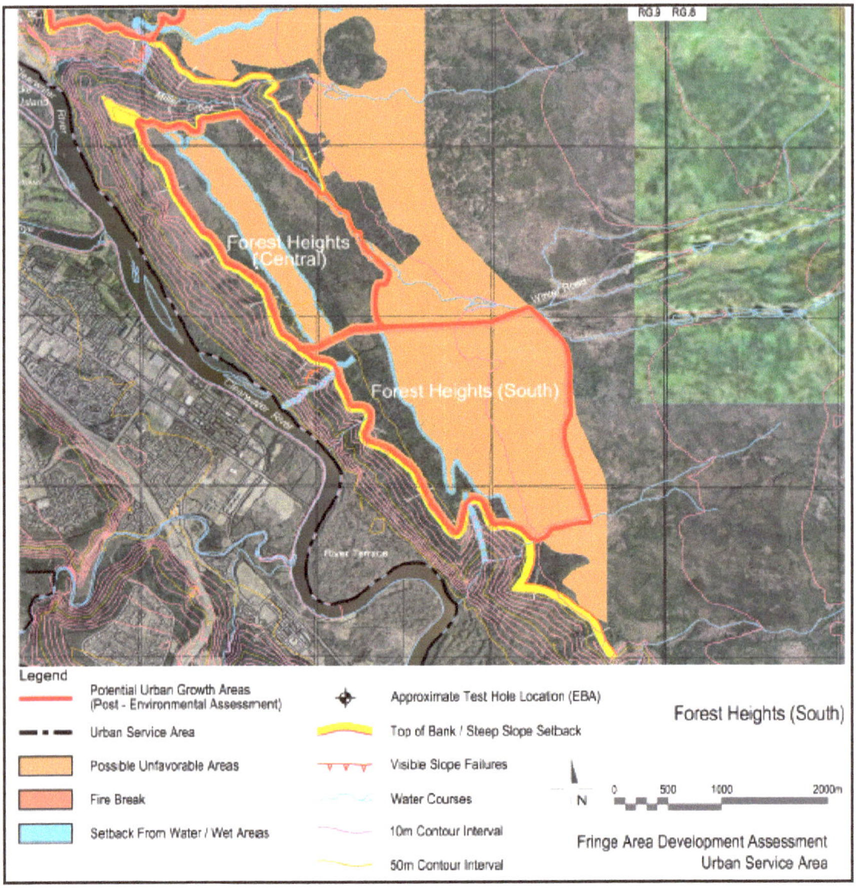

Quelle: Regional Municipality of Wood Buffalo, 2007c, S. 37

Rund 72 % der Gesamtfläche sind mit Sumpflandschaft bedeckt. Nur ein schmaler Teil im Westen, ca. 28 % der Gesamtfläche, ist für Bebauung geeignet, siehe Abbildung 28. Die Bruttoentwicklungsfläche beträgt 39 ha, davon sind nach Abzug aller anderen Flächen für die Gemeinde, 25,6 ha für Wohn- und Geschäftsgebäude verfügbar.

5.2.2.8. Forest Heights North (4c)

Das Stadterweiterungsgebiet Forest Heights North liegt auf der rechten Flussuferseite des Athabasca und verfügt über eine Gesamtfläche von 352,4 ha.

Abbildung 29: Entwicklungsgebiet Forest Heights North

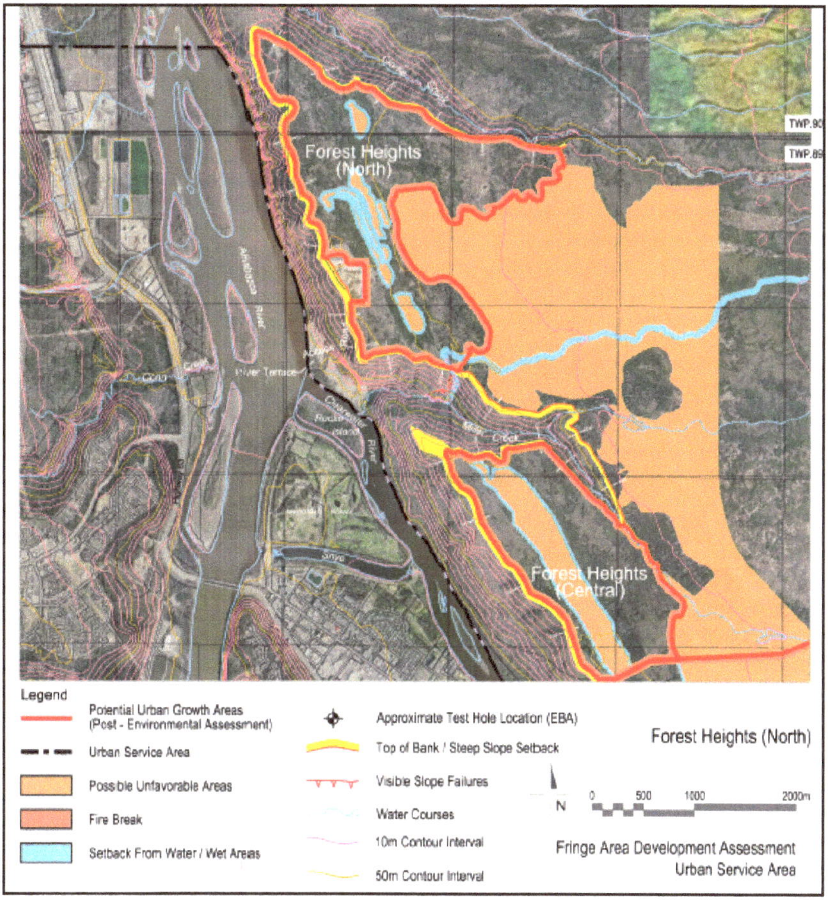

Quelle: Regional Municipality of Wood Buffalo, 2007, S. 28

Ungefähr 10 % der Fläche sind Sumpflandschaft, diese Bereiche sind beige markiert, siehe Abbildung 29. Die restlichen 90 % der Gesamtfläche sind für die Besiedelung geeignet. Abzüglich der für die Bebauung ungeeigneten Flächen sowie weiterer Flächen für Straßen und Sicherheitsabstände zu Gewässern verbleibt eine Bruttoentwicklungsfläche von 241 ha. Die zur Verfügung stehende Fläche für die Bebauung mit Wohn- und Geschäftsgebäuden abzüglich der Flächen für die öffentliche Einrichtungen beträgt 156,7 ha. Im Vergleich zu den beiden anderen Forest Heights Gebieten ist hier der Anteil nicht geeigneter Flächen gering. Es werden Ölsandlagerstätten unter dem Entwicklungsgebiet vermutet (vgl. Regional Municipality of Wood Buffalo, 2007c, S. 27).

Für alle Stadtentwicklungsgebiete ist es erforderlich auf Grund von Hochwassergefahr und oberflächennahen Grundwasserspiegeln, Sicherheitsabstände von durchschnittlich 30 m einzuhalten, um mögliche Schäden an Gebäuden zu minimieren. In diesen Bereichen ist das Fällen von Bäumen strikt untersagt, weil die Bäume und das Wurzelwerk den Boden festigen und der Erosion entgegenwirken. In einigen Stadtentwicklungsgebieten muss weiters die Hanglage berücksichtigt werden, auf Grund der Wahrscheinlichkeit von Hangrutschungen.

Die derzeitige Verwaltung ist bemüht, den aufkommenden Zielkonflikt zwischen den Tagebauminen, die mehr Land beanspruchen und Fort McMurray umgeben, einerseits und den Vorgaben des Stadterweiterungsplans andererseits zu lösen.

5.2.3 Wasser- und Abwasserversorgung

Die Erweiterung der Utilities ist eine wesentliche Voraussetzung für die wirtschaftliche Entwicklung der Gemeinden der NADC-Region und insbesondere für die Urban Service Area Fort McMurray. In einer Befragung, die 2009 in der NADC-Region durchgeführt wurde, wurden als derzeitige und künftige Herausforderungen die Wasseraufbereitung und -verteilung, die Abwasserbehandlung, die Straßenerrichtung und -erneuerung genannt (vgl. Northern Alberta Development Council, 2009c, S. 2).

Fort McMurray und der umliegende ländliche Raum werden derzeit von einem zentralen Wasserwerk und einer Abwasseraufbereitungsanlage versorgt. Das Wasserversorgungssystem von Fort McMurray, das ungefähr 85.000 Einwohner versorgen kann, besteht aus einer zentralen Wasseraufbereitungsanlage, welche sechs Reservoire und mehrere Pumpstationen versorgt. Die Wasseraufbereitungsanlage versorgt auch die westlichen Stadtgebiete Timberlea und Thickwood Heights. Technische Verbesserungen haben den Effizienzgrad der Anlage gesteigert. Das Wasser stammt aus dem Athabasca-Fluss, der auch die Wasserversorgung für die Tagebauminen sicherstellt. 2005 wurde mit dem Bau einer neuen Abwasseraufbereitungsanlage begonnen. Die neue Anlage soll das Abwasser von 133.000 Personen aufbereiten. Das bestehende Abwassersammelsystem stößt an seine Kapazitätsgrenze.

5.2.4 Wohnen

Die Wohnungssituation ist nicht nur in Fort McMurray und dem RMWB problematisch, sondern in der gesamten NADC-Region herrscht Bedarf an leistbarem und adäquatem Wohnraum. Sozialer Stress kann aufgrund der derzeitigen Wohnungssituation zu Mortalität, sozialer Ausgrenzung, physischen und geistigen Krankheiten führen. Die Wohnungskosten sind der größte Bestandteil des Haushaltsbudgets, der am wenigsten flexibel ist. Gemäß Informationen der Oil Sands Developer Group (2008) beträgt der Medianpreis für ein Einfamilienhaus in der RMWB 682.000 Cdn$. Die durchschnittliche Miete für eine 2-Zimmer-Wohnung in Fort McMurray kostet 2.300 Cdn$ pro Monat, während man in Calgary dafür nur 1.148 Cdn$ bezahlt. Die Preise für ein Hotelzimmer variieren zwischen 109 und 500 Cdn$ pro Nacht.

Abbildung 30: Beispiel eines Einfamilienhaus-Angebots im Internet

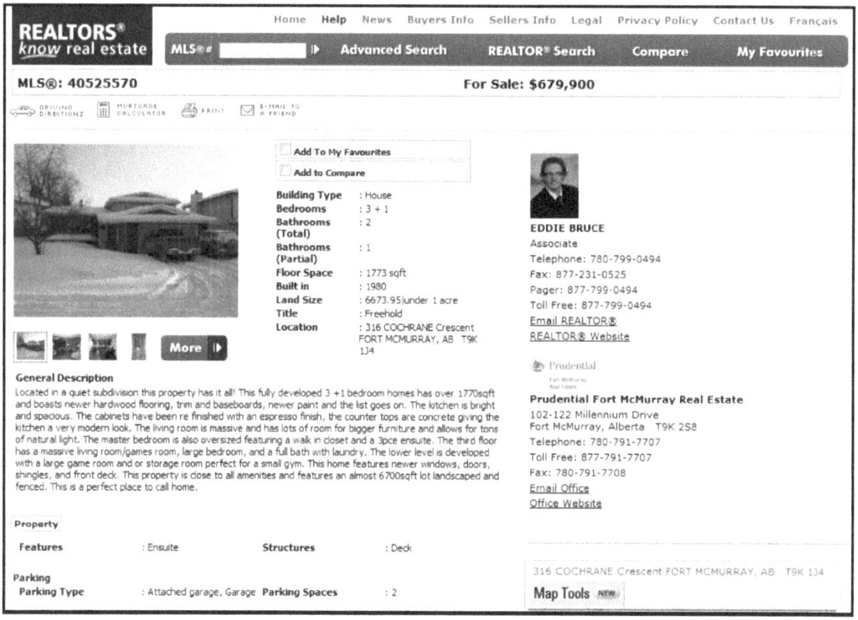

Quelle: http://www.realtor.ca/PropertyDetails.aspx?PropertyID=10363444&PidKey=222954214; Abrufdatum: 19.03.2011

Die Wohnkosten in Fort McMurray sind höher als in anderen Gemeinden in Kanada. Abbildung 30 zeigt ein Einfamilienhaus, dessen Verkaufspreis in der Nähe des Medianpreises liegt. Der Preis eines durchschnittlichen Einfamilienhauses in Calgary liegt bei 405.000 Cdn$.Das Northern Alberta Development Council identifiziert bezüglich der Wohnraumproblematik folgende Themen:

- Hohe Kosten für Entwicklung und Errichtung resultieren aus der Knappheit an Baufirmen und den hohen Materialkosten, die in den ländlichen und entfernten Gegenden entstehen. Die Kosten für die Errichtung von Wohnraum können durch die Gesetzgebung verteuert werden. Für Immobilienentwickler ist es profitabler, Eigentumswohnungen zu errichten als Mietwohnungen. Das Risiko bei Mietwohnungen ist höher, auf Grund der Mieterschutzgesetze und regulativen Vorgaben seitens der Provinzregierung. Ein weiterer zusätzlicher Kostenfaktor sind die langen Zulassungsdauern, Behördenvorgaben und -wege, die den Wohnraum verteuern.
- Lücken in den staatlichen Wohnraumprogrammen: Die staatlichen Wohnraumprogramme (National Homelessness Initiative, Affordable Housing Partnership Initiative) sind größtenteils auf urbane Räume ausgerichtet. Es zeigt sich, dass auf Grund guter wirtschaftlicher Entwicklung im urbanen Raum die ländlichen Bewohner verstärkt in die Städte abwandern. Damit kommt es zu Engpässen an Wohnraumkapazitäten im urbanen Raum. Es existieren zu wenig Fonds, die leistbares Eigentum ermöglichen.
- Mangel an Kenntnis der lokalen Verhältnisse: Es herrscht Verwirrung über die Unterscheidung zwischen leistbarem und sozialem Wohnen. Die finanziellen und technischen Ressourcen sind nicht ausreichend vorhanden, um Gemeinden bei der Entwicklung von leistbarem Wohnraum zu helfen.
- Leadership, Innovation und koordinierter Zugang zur Wohnraumthematik: Viele Gemeinden haben keine Wohnraum-Strategie zur Hand, um die Herausforderungen bewältigen zu können. Banken, Immobilienentwickler und Gewerbe haben Einfluss auf die Wohnraumsituation und sollten mit den Gemeinden zusammenarbeiten.

Die Probleme wurden erkannt, aber auf Grund knapper Budget ist eine Lösung nicht in nächster Zeit zu erwarten. Die Zahl der Obdachlosen hat sich seit 2005 von 232 Personen auf 549 Personen im Jahr 2010 verdoppelt (vgl. Regional Municipality of Wood Buffalo, 2010c, S. 6).

Das vorrangige Ziel ist die größere Verfügbarkeit von leistbarem Wohnraum. Die Regierung von Alberta hat 2007 zusätzliche finanzielle Mittel in der Höhe von 285 Millionen Cdn$ bereitgestellt.

5.3 Umwelt

Der Abbau der Ölsande und die Umwandlung in synthetisches Rohöl hat auf Land, Luft und Wasser maßgeblichen quantitativen wie qualitativen Einfluss. Das ökologische Gleichgewicht in subpolaren Gebieten reagiert empfindlich auf Eingriffe. Eine Ölsand-Tagebaumine wirkt umfassender auf das Landschaftsbild ein als die In-Situ-Methode. Der Tagebau benötigt große Flächen zum Abbau des Ölsandes. Das komplette Deckgebirge muss bis zu den ölsandführenden Schichten abgetragen und zwischengelagert werden. Die Flächen sind bei Stilllegung des Tagebaus zu rekultivieren. Die Rekultivierung gestaltet sich als schwierig, weil die ursprünglichen und natürlichen Bodenschichtverhältnisse nicht wiederhergestellt werden können.

Alle Prozesse, die die Weiterverarbeitung des Ölsandes betreffen, sind in hohem Maße wasserabhängig. Dieses Wasser wird hauptsächlich dem Athabascafluss entnommen und nach der Verwendung in großen Absetzbecken, den „Tailing ponds", zwischengelagert. Das kontaminierte Wasser wird teilweise wieder in den Prozess rückgeführt, um den Frischwasserverbrauch zu reduzieren. Trotz all dieser Maßnahmen steigt der Wasserverbrauch, weil weitere Tagebauminen in Betrieb gehen. Eine Vorgabe der Regierung Albertas ist, den Wasserverbrauch zu kürzen und die Wasserentnahme aus dem Athabascafluss auf rund 10 % zu beschränken. Die langfristigen Konsequenzen auf Oberflächen- und Grundwasser werden nur geschätzt und sind derzeit Gegenstand wissenschaftlicher Untersuchungen. Die Emissionen von Kohlendioxid und anderen meist giftigen Schadstoffen sind Belastungen, für den Umweltbereich. Zur Erfüllung des Kyoto-Protokolles, das von Kanada am 10.12.2002 ratifiziert wurde, müssen die Emissionen von CO_2 reglementiert werden (vgl. Gerloff, 2003, S. 124). Die Unternehmen sind per Gesetz verpflichtet, Luftüberwachung, Wasserüberwachung und Landrekultivierung durchzuführen.

5.3.1 Land

Der Bergbau dringt beim Abbau von Rohstoffen, ob Metalle oder Energierohstoffe, weit in den kanadischen Norden in ökologisch sensible Gebiete ein. Um einen Tagebau zu errichten, sind aufwändige Vorbereitungsmaßnahmen, die einige Jahre in Anspruch nehmen, vonnöten. Die Genehmigung für bergbauliche Aktivitäten auf öffentlichem Land ist sowohl für die Exploration als auch den Betrieb notwendig.

Abbildung 31: Veränderung der Landschaft durch den Tagebau 1961/1991

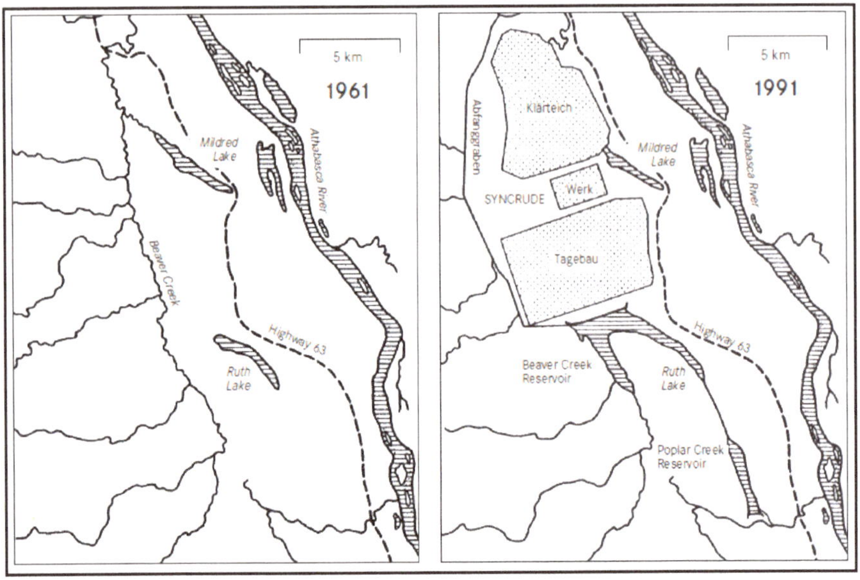

Quelle: Oppermann, 1998, S. 22

Der Tagebau verursacht große und intensive Eingriffe in die Landschaft, vergleiche Abbildung 31. Flüsse, Bäche und Seen werden umgeleitet, der Wald wird gerodet und das geschlagene Holz entweder verbrannt, gelagert oder vergraben. Sumpflandschaften werden entwässert und die Moorschichten abgetragen. Das betroffene Gebiet muss in einem zweijährigen Prozess entwässert werden, danach wird das Deckgebirge abgetragen und an anderen Standorten zwischengelagert, entweder für die Errichtung von Dämmen oder für die Auffüllung eines alten Tagebaus. Beim Abtragen werden die ursprünglichen geologischen Schichten unweigerlich zerstört. Das Land wird für die Lagerung der bei der Extraktion und Upgrading entstehenden Nebenprodukte, wie elementarer Schwefel und Koks, verwendet.

5.3.2 Luft

Die Schadstoffbelastung der Luft erfolgt durch chemische Verbindungen wie SO_2, H_2S, NO_2 und CO_2, die während des Extraktionsprozesses entstehen oder aus den Absetzbecken entweichen. Die WBEA[14] ist verantwortlich für die Überwachung

14 Wood Buffalo Environmental Association.

der Luft in der Region. 14 Überwachungsstationen sind in Fort McMurray, in den Anlagen und nördlich bei Fort Chipewyan in Betrieb (vgl. Oil Sands Discovery, 2009, S. 34). Der Ölsand ist schwefelhaltig mit einem Anteil von 4,8 %. Vor dem Hintergrund der Kyoto-Ziele ist man bemüht, die Emissionen von Treibhausgasen zu beschränken. Es entstehen durch den Abbau des Ölsandes auf Grund der energieintensiven Prozesse große Mengen an CO_2. Alle Prozesse der Separation des Bitumens vom Ölsand, das Upgrading sowie die Bitumengewinnung mit der In-Situ-Technologie sind energieintensiv. Die Hauptenergiequelle aller dieser Prozesse ist Erdgas, das CO_2-Emissionen verursacht.

Die Reduzierung der Treibhausgase ist eine essenzielle Strategie für Alberta und Kanada, um die gesetzlich festgelegten Ziele zu erreichen. Viele Anlagen emittieren Treibhausgase oberhalb der festgesetzten Grenzwerte und sind verpflichtet, ihre Treibhausgas-Emissionen an die Provinzregierung sowie die Regierung von Kanada zu melden. Treibhausgas-Emissionen beinhalten Kohlendioxid (CO_2), Methan (CH_4) und Distickstoffoxid (N_2O), wobei Kohlendioxid das Gas mit den meisten Emissionen ist. Im Jahr 2008 wurden in der Provinz Alberta aus dem Tagebau, In-Situ und dem Upgrading-Prozess 37 Millionen Tonnen CO_2 emittiert.

5.3.3 Wasser

Jegliche Aktivität, die den Ölsand betrifft, ist hochgradig vom Wasser abhängig. Wasser spielt die entscheidende Rolle in den verarbeitenden Prozessen und insbesondere im Tagebau. Die Produktion von 1 m^3 synthetischen Rohöl erfordert 2,5 m^3 Wasser in der Tagebauweise und rund 0,5 m^3 mit der In-Situ-Methode (vgl. Royal Society Canada, 2010, S. 111). Die Belastung der Oberflächengewässer und des Grundwassers ist neben dem Wasserverbrauch ein Problem. Grundsätzlich besteht immer die Gefahr der Verunreinigung durch Schadstoffe, ausgelöst durch den Abbau von Ölsand im Tagebau. In der Athabasca-Region ist aufgrund der oberflächennahen Ölsandlagerstätten schon in der Zeit vor Beginn der systematischen Erschließung eine Kontamination der Oberflächengewässer aufgetreten. Die Wasserführung der Oberflächengewässer, vorwiegend Flüsse, wird durch den Jahresgang des Klimas nachhaltig beeinflusst. Der Norden Albertas zeichnet sich durch zahlreiche wasserreiche Flüsse, Seen und Feuchtgebiete aus. Für Alberta gilt, dass mehr Wasser aus der Provinz hinaus- als hineinfließt, siehe Abbildung 32.

Abbildung 32: Durchschnittliche Abflussmengen der Flüsse in Alberta

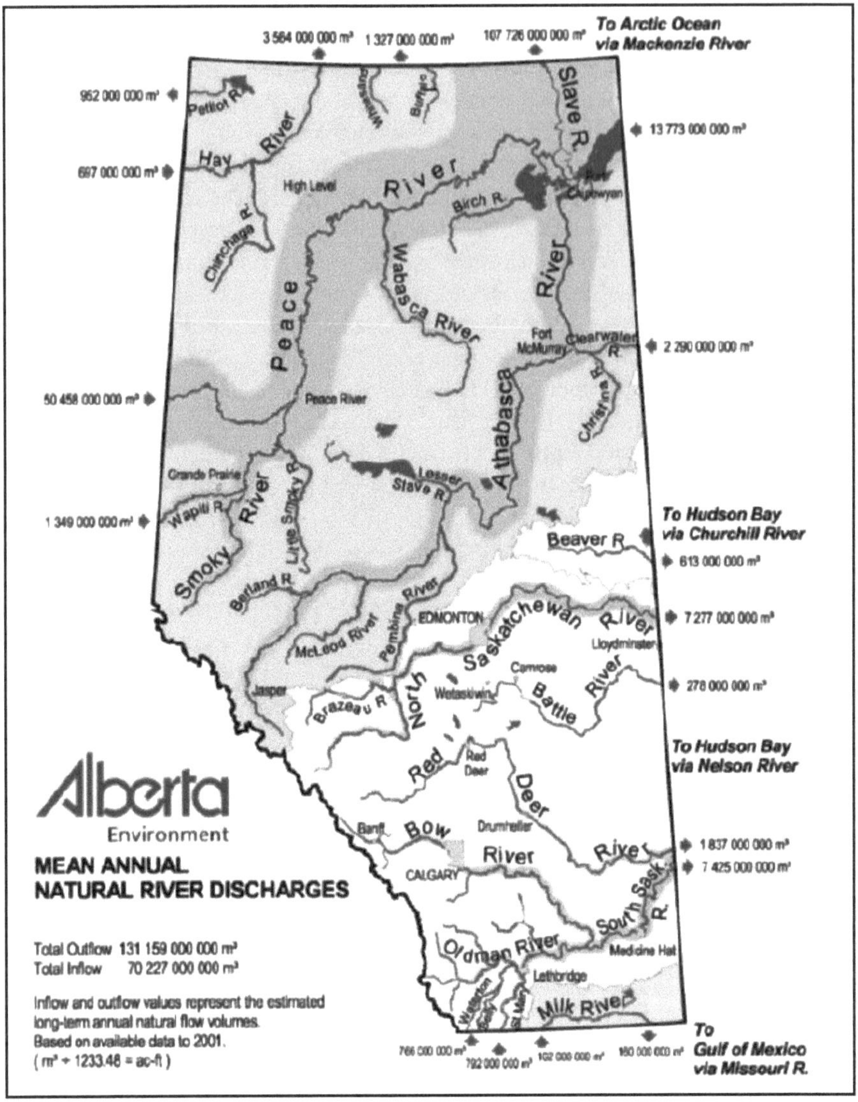

Quelle: Canadian Association of Petroleum Producers, 2009b

Auf das nördliche Alberta entfallen 85 % des gesamten Wasserdargebots Albertas, davon 17 % auf den Athabascafluss. Nur 15 % der gesamten natürlichen Wasserdargebots entfallen auf den südlichen Teil Albertas. Der Bedarf an Wasser ist im Süden aufgrund der höheren Bevölkerungsdichte und der intensiven Landwirtschaft bei weitem höher. Um das aquatische Gleichgewicht zu erhalten, sind Maßnahmen notwendig, die die Verwendung von Oberflächengewässern reglementieren. Auf den Ölsandabbau entfallen 7 % des gesamten Wasserverbrauchs in der Provinz Alberta, das entspricht 672 Mio. m³ Wasser pro Jahr. Landwirtschaft und Gewerbe haben bei weitem einen höheren Bedarf mit knapp 75 % des gesamten Wasserverbrauches, siehe Abbildung 33.

Abbildung 33: Wasserverbrauch in Alberta 2009, nach Verbrauchergruppen

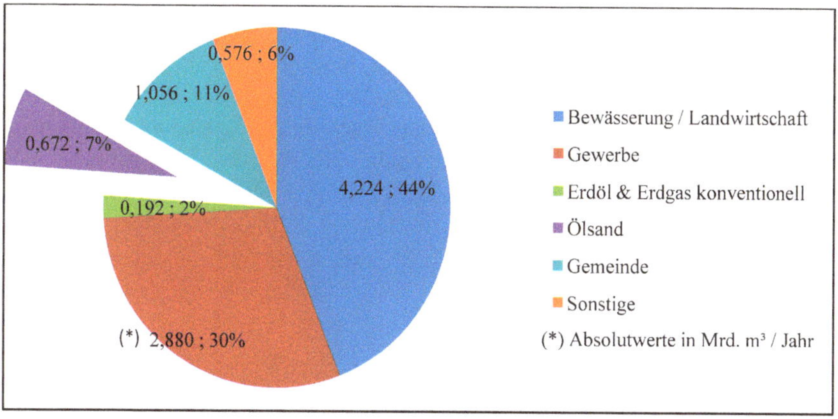

Quelle: Canadian Association of Petroleum Producers, 2009b

Es ist davon auszugehen, dass in den nächsten Jahren aufgrund neuer Tagebauprojekte ein Anstieg des Wasserverbrauches erfolgt. Bislang steht den Unternehmen Wasser zum Null-Tarif zur Verfügung. Unter der Prämisse des kostenfreien Zugangs zu Frischwasser ist in der kurz- und langfristigen Perspektive nicht mit einer gesteigerten Effizienz im Wasserverbrauch zu rechnen. Die Verwendung von brackigem Wasser aus Aquiferen ist nicht Gegenstand einer Lizenzierung und kann daher ohne Auflagen genutzt werden. Es ist davon auszugehen, dass der wasserbasierte Extraktionsprozess trotz Einsparungen im Wasserverbrauch bis mindestens 2030 dominieren wird (vgl. Royal Society Canada, 2010, S. 243).

Die Errichtung eines Tagebaues erfordert im Anfangsstadium die Umleitung von Flüssen und Umgestaltung von Seen sowie das Abpumpen des Grundwasserspiegels. Das Absinken des Grundwasserspiegels ist natürlich abhängig von der Permeabilität der Bodenschichten und der Pumpgeschwindigkeit. In einem Tagebau kann in der Umgebung zu einem Absinken des Grundwasserspiegels um bis zu 40 m kommen (vgl. Royal Society Canada, 2010, S. 112). Mit dem

Absinken des Grundwasserspiegels können umliegende Feuchtlandschaften in Mitleidenschaft gezogen werden. Die für den Tagebau vorgesehene Fläche muss zuerst entwässert werden, um den Betrieb zu ermöglichen. Das abgepumpte Grundwasser wird je nach dem Grad der Verunreinigung durch den Ölsand entweder im Extraktionsprozessen verwendet oder in natürliche Gewässer rückgeführt. Der Anteil des Grundwassers an den Prozessen ist gering. Der Großteil der Menge stammt laut aktuellen Schätzungen aus dem Athabascafluss mit einem Anteil von 50-75 % (vgl. Royal Society Canada, 2010, S. 113). Der Fluss versorgt nicht nur die Tagebauminen, sondern ist auch die Quelle der Trinkwasserversorgung der Urban Service Area Fort McMurray. Das aus dem Fluss entnommene Wasser wird nicht mehr in das Ökosystem rückgeführt. Flüsse und Bäche, die durch den Tagebau fließen, werden umgeleitet. Das im Prozess verwendete Wasser wird als OSPW, als Oil Sands Process Wastewater, bezeichnet. Der Bitumen-Extraktionsprozess generiert große Volumen von Rückständen, die in den Absetzbecken gesammelt werden. Diese Rückstände, auch Tailings genannt, bestehen aus 70-80 % Wasser, 20-30 % Feststoffen (Sand, Schlick und Ton) sowie 1-3 % Bitumen (vgl. Royal Society Canada, 2010, S. 121). Die Fläche der Absetzbecken vergrößert sich mit jeder weiteren Expansion der Tagebauminen.

5.3.4 Rekultivierung

Die Rekultivierung ist der letzte und schwierigste Schritt in der Wiederherstellung der ursprünglichen Fläche. Die Unternehmen sind gesetzlich verpflichtet, Rekultivierung durchzuführen. Rekultivierung wird nach dem AENV[15] definiert als „return of land and environmental values to a mining site after resources have been extracted“ (vgl. Royal Society Canada, 2010, S. 158). Bei der Rekultivierung unterscheidet man vorläufige und endgültige Rekultivierung (vgl. Niemz, 1991, S. 147). Die vorläufige Rekultivierung dient dem Erosionsschutz. Es werden Gras-Klee-Gemische gesät und der Boden wird zusätzlich gedüngt (vgl. Oppermann, 1998, S. 24). Die endgültige Rekultivierung umfasst die Wiederherstellung der ursprünglichen Bodenverhältnisse. Die Regierung von Alberta betrachtet die Aktivitäten im Ölsand als temporäre Landnutzung und stellt ein entsprechendes Zertifikat erst aus, wenn das Gelände nicht länger in Verwendung ist und komplett rekultiviert wurde. Sind die Bedingungen der Rekultivierung erfüllt worden, erhält das Unternehmen ein Zertifikat, mit diesem wird das Unternehmen aus seiner Verantwortung entlassen (vgl. Royal Society Canada, 2010, S. 157). Es herrscht Verwirrung darüber, welcher Landschaftstyp (boreales

15 Alberta Environmental Protection and Enhancement Act.

Waldland oder Feuchtland) rekultiviert werden soll. Verschiedene Interpretationen durch unterschiedliche Institutionen verursachen Auslegungsprobleme, welche Landschaft aus öffentlicher, kultureller und regulatorischer Perspektive akzeptabel sei (vgl. Royal Society Canada, 2010, S. 157).

Tabelle 12: Vom Ölsand beanspruchte Flächen 1988-2008, inkl. Rekultivierung

Flächennutzung Ölsand in ha				
Jahr	**beanspruchte Flächen**	**rekultivierte Flächen**	**zertifizierte Flächen**	**aktive Tagebauflächen**
1988	11.804	2.438	–	9.366
1990	13.441	2.523	–	10.918
1992	15.015	2.812	–	12.203
1994	16.752	3.186	–	13.566
1996	18.152	3.733	–	14.419
1998	21.517	4.268	–	17.249
2000	28.097	4.755	–	23.342
2002	32.109	5.267	–	26.842
2004	35.745	5.878	–	29.867
2006	47.317	6.498	–	40.819
2008	60.234	6.687	104	53.547

Quelle: Royal Society Canada, 2010, S. 167

Mit Stand 2008 sind 60.234 ha Land für den Tagebau gewidmet worden. 6.687 ha Land gelten als vorläufig rekultiviert, aber erst für 104 ha wurde ein Zertifikat ausgestellt, vergleiche Tabelle 12 (vgl. Royal Society Canada, 2010, S. 166).

5.4 SWOT-Analyse Fort McMurray

Mithilfe der SWOT-Analyse sollen Stärken, Schwächen, Chancen und Gefahren für die übergeordnete NADC-Region und die Urban Service Area Fort McMurray, die innerhalb der NADC-Region die höchste Bevölkerungszahl verzeichnet, im Vergleich aufgezeigt werden. Zur Erstellung der SWOT-Analyse wurden die im Literaturverzeichnis angeführten Quellen herangezogen.

5.4.1 Stärken

NADC-Region	Fort McMurray
✓ Marktorientierte Landwirtschaft ✓ Exportorientierte Forstwirtschaft ✓ Ressourcenreiche Region ✓ Nähe zu den Märkten Edmonton und Calgary	✓ junge, mobile Bevölkerung ✓ geringer Anteil an Senioren ✓ Medianeinkommen 127.959 Cdn$ (Stand 2005)

5.4.2 Schwächen

NADC-Region	Fort McMurray
✓ Mangel Kohäsion und Vision in der NADC-Region ✓ Bestehende Infrastruktur entweder zu klein oder nicht vorhanden ✓ Begrenzte Verfügbarkeit von kostengünstigem Land für Gewerbe und Handel	✓ angespannter Arbeitsmarkt ✓ Bestehende Infrastruktur (Gesundheitswesen, Utilities, Straßennetz, etc.) an der Kapazitätsgrenze ✓ Lokale Wirtschaft auf den Ölsand ausgerichtet ✓ Wohnraumknappheit ✓ 71 Allgemeinmediziner auf 100.000 Einwohner

5.4.3 Chancen

NADC-Region	Fort McMurray
✓ Tourismus – Ökotourismus ✓ Größter Nationalpark Kanadas (Wood Buffalo National Park) ✓ Bergbau (Diamanten, Uran) ✓ Innovationen in der Forstwirtschaft ✓ Ausbau des Straßenverkehrsnetzes und damit Erhöhung der wirtschaftlichen Aktivität	✓ Tourismus Ölsand (Oil Sands Discovery Centre) ✓ Spezialisierung des Einzelhandels ✓ Forschungs- und Entwicklungszentrum für neue Technologien im Ölsandbereich

5.4.4 Gefahren

NADC-Region	Fort McMurray
✓ Boom- und Bust-Zyklen ✓ Landstörung durch die Tagebauminen ✓ Höhere Löhne im Ölsandbereich bedrohen andere Wirtschaftssegmente	✓ unreguliertes Wachstum ✓ Arbeitskräftemangel in den Dienstleistungsbetrieben ✓ Hohe Immobilienpreise ✓ Boom- und Bust-Zyklen ✓ ausufernde Kriminalität ✓ Höchste Rate an sexuell übertragbaren Krankheiten in Kanada

6. Synopse der Erkenntnisse

Das Ziel der vorliegenden Arbeit war, mithilfe einer detaillierten Sekundäranalyse den Einfluss des Ölsandes auf die Siedlungsgrenze im nördlichen Alberta festzustellen.

Am Beginn der Arbeit wurde der Terminus der Siedlungsgrenze definiert. Die Siedlungsgrenze entspricht einem Saum zwischen der Ökumene und Anökumene und nicht dem festgelegten Konstrukt einer politischen Grenze. Die Siedlungsgrenze ist das Ergebnis der Sesshaftigkeit des Menschen zu dem Zeitpunkt, als die Menschheit Dörfer und Städte gründete. Es wurde ein konzeptionell-theoretischer Überblick über die drei Modelle von Turner, Mackenroth und Ehlers gegeben, die sich mit der Genese, der Entwicklung und den dahinterstehenden Prozessen auseinandersetzen.

Eines der ältesten theoretischen Konzepte über Siedlungsgrenzen ist das Modell der Frontier Settlement von Turner, der Zeitzeuge der Siedlungsgrenzenentwicklung in den Vereinigten Staaten war und auch ihr offizielles Ende um 1890 miterlebte. Turner war Historiker und kein Geograph, dennoch legte er den Grundstein für ein zentrales Forschungsthema der Geographie. Er beschrieb die Expansion der Siedlungsgrenze als eine sukzessive Abfolge eines Kulturlandschaftswandels. Der Träger der Siedlungsgrenzenentwicklung ist laut Turner der Pionierfarmer, der die Wildnis in Kulturland überführt. Der Kulturlandschaftswandel gilt mit dem Einzug des Unternehmertums als abgeschlossen.

Das Modell von Mackenroth beschreibt die Siedlungsgrenzenentwicklung als ein Zusammenspiel vom Bevölkerungswachstum und Nahrungsspielraum. In einer agrarisch strukturierten Gesellschaft findet das demographische und ökonomische Wachstum durch die Ausweitung der landwirtschaftlichen Produktion statt. Das Bevölkerungswachstum stagniert, wenn der Siedlungsraum ausgefüllt ist und auch die Böden schlechterer Qualität erschlossen worden sind. Die Technisierung leitet zwei grundlegende Veränderungen ein: die Bodenersparnis und die Arbeitskräftefreisetzung. Mit der Bodenersparnis kann auf gleicher Fläche mehr erzeugt werden, und durch die Arbeitskräftefreisetzung wandert agrarisch geprägte Bevölkerung in nicht-agrarische Wirtschaftsbereiche. Gewerbe und Industrie entziehen der Siedlungsgrenze die Bevölkerung. Durch die Abwanderung der Bevölkerung setzt die Stagnation an der Siedlungsgrenze ein.

Ein weiteres Modell der Siedlungsgrenzenentwicklung ist das 5-Phasen Modell von Ehlers. Das 5-Phasen Modell beschreibt den Prozess der Ausdifferenzierung der Siedlungsgrenze durch verschiedene Kulturstufen.

Im Rahmen der vorliegenden Arbeit wurde die Siedlungsgrenzenentwicklung in Kanada von 1850 bis heute einer genauen Analyse unterzogen. Die Ackerbaufrontier ist auf Grund des besonderen Stellenwertes der Agrarkolonisation in Kanada die älteste Art der Siedlungsgrenze. Die Bergbaufrontier hingegen und auch die Forstwirtschaftsfrontier sind moderne Formen der Frontier und traten erst Anfang des 20. Jahrhunderts auf. Die Ackerbaufrontier in Kanada wurde durch die Errichtung von Eisenbahnlinien beschleunigt, weil Transportmöglichkeiten auch für Produkte aus dem Norden zur Verfügung standen und Siedler schneller zu ihrem künftigen landwirtschaftlichen Betrieb reisen konnten. Die Transportkosten stellen einen essentiellen Faktor bei der Agrarkolonisation in den nördlichen Gebieten dar. Bis in die 1930er Jahre war die Entwicklung der Ackerbaufrontier stabil und man betrachtete das boreale Waldland als Ausweichraum für großen Bevölkerungsdruck. Der ab 1941 einsetzende Strukturwandel, ließ die Ackerbaufrontier einbrechen. Weitere Aspekte war die verringerte Bereitschaft der Menschen, in der Landwirtschaft tätig zu werden, sowie die Technisierung der Landwirtschaft. Lenz (1976) spricht auch von der Industrialisierung der Landwirtschaft. Die Bevölkerung wanderte in die Städte ab. Alle kanadischen Ackerbaufrontiers zeigten die Erscheinungen des Strukturwandels. Das äußert sich in der sinkenden Anzahl von landwirtschaftlichen Betrieben, im Anbau neuer Nutzpflanzen und in Flur- und Dorfwüstungen. Mit der sinkenden Anzahl an landwirtschaftlicher Betriebe steigt aber die durchschnittliche Betriebsgröße. In Kanada stieg die durchschnittliche Betriebsgröße in jeder Provinz ab 1941. Die Dominanz der Ackerbaufrontier ist in den 1960er Jahren zu Ende gegangen, sie wurde durch die Bergbau- und Forstwirtschaftsfrontier abgelöst. Der Strukturwandel setzt sich bis heute unvermindert fort. Die Zahl der landwirtschaftlichen Betriebe in Kanada reduziert sich unaufhaltsam.

Es wurden zwei klassische Beispiele von Siedlungsräumen, der Clay Belt in den Provinzen Ontario und Quebec sowie das Peace River Country (PRC) ausgewählt. Beide Räume haben in der wissenschaftlichen Literatur durch detaillierte Studien eine intensive Bearbeitung erfahren. Die Besiedlung des Clay Belts und des PRC erfolgte im ersten Jahrzehnt des 20. Jahrhunderts. Beide Räume liegen an der Siedlungsgrenze im borealen Waldland Kanadas. Bei der Analyse erfolgte eine Trennung in die Ackerbaufrontier einerseits und in die Bergbaufrontier und Forstwirtschaftsfrontier andererseits. Beide Räume haben sich in gewissen Bereichen ihrer Wirtschaftsstruktur unterschiedlich entwickelt: während das PRC in einigen Teilen noch eine aktive Ackerbaufrontier besitzt, ist im Clay Belt sowohl in Quebec als auch in Ontario die Ackerbaufrontier zusammengebrochen. Kanada gilt als eine der führenden Bergbaunationen weltweit. Mit dem Bau von Eisenbahnlinien und dem Einsatz des Flugzeuges wurden auch schwer zugängliche Rohstoffvorkommen erschlossen. Der Bergbau hat innerhalb Kanadas einer herausragende Stellung, weil er auch in arktische Bereiche vordringt, wo weder Landwirtschaft noch Forstwirtschaft betrieben werden kann und die Bergbaufrontier die Grenze der Ökumene darstellt. Im PRC stellen Bergbau und Forstwirtschaft sowie das zunehmende touristische Potenzial sinnvolle ökonomische Inwertsetzungen dar.

Die Analyse der Entwicklung der Urban Service Area Fort McMurray konnte nur vor dem Hintergrund der Ölsandvorkommen in der Provinz Alberta vorgenommen werden. Die Ölsandvorkommen in der Provinz Alberta zählen zu den größten mineralischen Rohstoffvorkommen in Kanada. Auf einer Fläche von 140.000 km^2 verteilen sich die Ölsandlagerstätten mit einem geschätzten Volumen von 174 Mrd. Barrel auf drei räumlich getrennte Gebiete, Athabasca, Cold Lake und Peace River. Kanada liegt im Ranking der globalen Erdölreserven an zweiter Stelle hinter Saudi Arabien. Die Ölsande können nicht wie konventionelles Erdöl gefördert werden. Es gibt nur zwei Möglichkeiten, sie abzubauen, nämlich im Tagebau oder mit In-Situ-Verfahren. Der Abbau im Tagebau ist aber von der Mächtigkeit des Deckgebirges abhängig. Es gilt, dass nur bei einer Mächtigkeit des Deckgebirges unter 75 m eine Tagebaumine rentabel betrieben werden kann. Die In-Situ-Verfahren werden in Zukunft eine wichtigere Rolle spielen, weil nur 20 % der gesamten Ölsandvorkommen im Tagebau erschlossen werden können. Die ökonomische Bedeutung des Ölsandes hat unter dem Aspekt der Versorgungssicherheit und steigender Weltmarktpreise für Erdöl zugenommen. Vor dem Hintergrund schwindender Ressourcen an konventionellen Erdöl steigt das Interesse an Ölsanden.

Das kann anhand der Investitionen internationaler Energiegesellschaften belegt werden. Die ökonomische Bedeutung des Ölsandes für die Region und den nordamerikanischen Kontinent steht außer Frage. Allein im Zeitraum zwischen 1997 und 2007 wurden über 73 Mrd. Cdn$ in die Errichtung neuer Anlagen investiert. Einschränkungen in der weiteren Entwicklung sind laut dem IMF von Seiten der Erdgaspreise, Arbeitskräftemangel, Infrastruktur und den CO_2-Emissionen zu erwarten. Die Investitionen haben die Region an der Siedlungsgrenze sowohl positiv als auch negativ nachhaltig beeinflusst.

Die Stadt Fort McMurray hat sich von einem ehemaligen Pelzhandelsposten der Hudson Bay Company zu einem wichtigen Zentrum der Erdölwirtschaft entwickelt. Dieser Aufstieg ist untypisch, weil Fort McMurray im borealen Waldland an der Siedlungsgrenze liegt. Das Siedlungsnetz ist in der Region dünn ausgeprägt. Der Highway 63 ist nahezu die einzige Straßenverbindung nach Fort McMurray. Fort McMurray zählt zu den schnellst wachsenden Städten am nordamerikanischen

Kontinent mit einer jährlichen Wachstumsrate von 6,1 % seit dem Jahr 2000. Auch während der Finanzkrise im Zeitraum 2008-2010 ist Fort McMurray um 6,1 % gewachsen. Die Schattenseiten des Wachstums sind die für Boom-Towns typischen Effekte wie vermehrte Kriminalität, Alkohol- und Drogenmissbrauch, hohe Raten an Geschlechtskrankheiten, Arbeitskräftemangel und Wohnraumknappheit. Fort McMurray ist als Stadt an der Siedlungsgrenze für dieses schnelle Wachstum nicht ausgelegt. Die örtliche Verwaltung läuft den Entwicklungen hinterher und kann nur reagieren anstatt zu agieren. Die Budgetmittel fließen vorrangig in den Ausbau der Verkehrsinfrastruktur.

Es besteht ein großer Nachholbedarf in der Verkehrsinfrastruktur, bei Wasser- und Abwasserversorgung und Wohnraum. Der Engpass an leistbarem Wohnraum äußert sich in den hohen Immobilienpreisen. Der Medianpreis für ein durchschnittliches Einfamilienhaus beträgt in Fort McMurray 682.000 Cdn$ was um mehr als 50 % höher ist als in der südlich gelegenen Agglomeration Calgary. Fort McMurray hat auch ein Ansteigen der Obdachlosigkeit zu verzeichnen. Das Gesundheitssystem in Fort McMurray stößt an seine Kapazitätsgrenzen. Zwischen 30 % und 40 % der Einwohner Fort McMurray haben beispielsweise keinen Hausarzt (vgl. Royal Society Canada, 2010, S. 233). In Kanada kommen auf 100.000 Einwohner 99 Allgemeinmediziner. In Fort McMurray liegt der Wert bei 71 Allgemeinmedizinern auf 100.000 Einwohner, bei Fachärzten ist die Situation noch schlimmer. In Kanada gibt es 94 Fachärzte auf 100.000 Einwohner, in Fort McMurray sind es 15 Fachärzte auf 100.000 Einwohner.

Schlussendlich ist festzuhalten, dass die Forschungsfrage über den Einfluss des Ölsandabbaus auf die Siedlungsgrenze mit einem Ja beantwortet werden kann. Der Ölsand hat großen Einfluss auf die Entwicklung der Region genommen. Es gibt keinen Bereich, der nicht durch den Ölsandabbau eine Veränderung erfahren hat. Die Siedlungsgrenze hat eine spürbare Veränderung erfahren, die unvermindert anhält.

Die weitere Entwicklung kann derzeit nicht abgeschätzt werden. Diese Tatsache ist allen Verantwortlichen der regionalen Administration bekannt und man entwickelt Konzepte, wie dieser Herausforderung begegnet werden kann. Die Verwaltung von Fort McMurray befindet sich auf einer Gratwanderung zwischen dem erforderlichen Zuwachs an Bevölkerung, der benötigt wird, um das Wirtschaftswachstum zu sichern, und den vorhandenen Kapazitäten, die durch das Bevölkerungswachstum schnell an ihre Grenzen stoßen.

Literaturverzeichnis

Literarische Quellen

Bayoumi T., Mühleisen M. (2006): Energy, the Exchange Rate, and the Economy: Macroeconomic Benefits of Canada's Oil Sands Production. International Monetary Fund Working Paper, 06/70

BMWFJ (2011): World Mining Data 2011. Heft 26, 327 S.

Bone R.M. (2003): Geography of the Canadian North. Issues and Challenges. Toronto, Oxford University Press, 248 S.

Brücher W. (1995): Erdöl und Erdgas in Alberta (Kanada). In: *Geographische Rundschau*, Band 47, Heft 3, S. 184-190

Chastko P.A. (2004): Developing Alberta's oil sands: from Karl Clark to Kyoto. Calgary, 2004, 313 S.

Czajka W. (1976): Die Randzonen der besiedelten Erdräume im System der Geographie. In: Landerschließung und Kulturlandschaftswandel an den Siedlungsgrenzen der Erde, Göttingen, S. 267-292

Diercke (2010): Wörterbuch Allgemeine Geographie. Deutscher Taschenbuch Verlag, München 1119 S.

Dyer G. (2010): Schlachtfeld Erde – Klimakriege im 21. Jahrhundert. Verlag Klett-Cotta, Stuttgart, 384 S.

Ehlers E. (1967): Die Ausweitung der Siedlungsgrenze in Kanada. Ein Beitrag zum nordamerikanischen Frontierproblem. In: *Geographische Rundschau*, Heft 9, S. 327-337

Ehlers E. (1984): Die agraren Siedlungsgrenzen der Erde; Gedanken zu ihrer Genese und Typologie am Beispiel des Kanadischen Waldlandes. (= Erdkundliches Wissen, Heft 69)

Ehlers E., Hecht A. (1994): Die Polargrenze des Anbaus: Strukturwandel in der Alten und Neuen Welt. In: *Geographische Rundschau*, Band 46, Heft 2, S. 104-110

Ehlers E. (2002): Das nördliche Peace River Country. Zum Struktur- und Funktionswandel eines Pionierraums im borealen Waldland Kanadas. In: *Geographische Rundschau*, Band 54, Heft 7/8, S. 38-46

Ehlers E. (2003): Canadian Agricultural Frontiers. The Northern Peace River Country. In: *Zeitschrift für Kanada-Studien*, Heft 42, S. 135-161

Ehlers E. (2004): The Last Frontier: Glanz und Ende der nordamerikanischen Ackerbaufrontier. In: *Petermanns Geographische Mitteilungen*, Band 148, Heft 1, S. 6-15

Fillon P. (2009): Growth and decline in the Canadian urban system: the impact of emerging economic, policy and demographic trends. In: *GeoJournal*, Band 75, Heft 6, S. 517-538

Fischer Weltalmanach 2008: Zahlen-Daten-Fakten. Frankfurt/Main, 2007

Gerloff J.U. (1984): Strategien und territoriale Organisationsformen der Erschließung des Kanadischen Nordens. In: *Petermanns Geographische Mitteilungen*, Band 4, S. 255-266

Gerloff J.U. (2003): Albertas Ölsandindustrie – regionale Entwicklung und kontinentale Perspektiven. In: *Zeitschrift für Kanada-Studien*, 2003, Heft 43, S 113-128

Gerloff J.U. (2008): Ölsande und Ölschiefer – Reserven des globalen Weltmarktes? In: *Geographische Rundschau*, Band 60, Heft 1, S. 42-49

Hofmayer A. (1991): Wesen und Bedeutung natürlicher Ressourcen. In: Kilchenmann A., Schwarz C. (Hg.): Perspektiven der Humanökologie, Berlin [u.a.], Springer, S. 35-57

Hottenroth H. (1968): The Great Clay Belts in Ontario and Quebec. Struktur und Genese eines Pionierraumes an der nördlichen Siedlungsgrenze Ost-Kanadas. In: *Marburger Geographische Schriften*, Heft 39, 167 S.

Ironside R.G. (1979): Resource Development and Potential in Northern Alberta. In: Pletsch A., Schott C. (Hrsg.): Kanada. Naturraum und Entwicklungspotential, *Marburger Geographische Schriften*, Heft 79, S. 113-126

Krim A. (2003): Fort McMurray: Future City of the Far North. In: *The Geographical Review*, Heft 93, S. 258-266

Kulke E. (2006): Wirtschaftsgeographie. Verlag Schöningh, Paderborn, 288 S.

Lenz K. (1965): Die Prärieprovinzen Kanadas. Der Wandel der Kulturlandschaft von der Kolonisation bis zur Gegenwart unter dem Einfluss der Industrie. In: Schott C., Leister I., Born M. (Hrsg.): *Marburger Geographische Schriften*, Heft 21, S. 9-48

Lenz K. (1976a): Agrarkolonisation in Prärie und Waldland in Kanada. Ein räumlicher und historischer Vergleich. In: Nitz H.J. (Hrsg.): Landerschließung und Kulturlandschaftswandel an den Siedlungsgrenzen der Erde, Göttingen, Goltze, S. 119-135

Lenz K. (1976b): Die Konzentration der Versorgung im ländlichen Bereich, Untersuchungen in den nördlichen Präriegebieten von Nordamerika. In: Schott C. (Hrsg.): Beiträge zur Geographie Nordamerikas, *Marburger Geographische Schriften*, Heft 66, S. 9-48

Lenz K. (1990): Der boreale Waldgürtel Kanadas. Erschließung und Entwicklung. In: *Geographische Rundschau*, Heft 42, S. 408-414

Lenz K. (1993): Kanada in der globalen Verantwortung für die Umwelt. In: *Zeitschrift der Gesellschaft für Kanada-Studien*, 1993, Heft 24, S. 21-38

Mackenroth G. (1953): Bevölkerungslehre: Theorie und Statistik der Bevölkerung. Springer Verlag, Berlin, 531 S.

McConnell J.G (1979): Uniquely Canadian Problems in the development of the Canadian North. In: Pletsch A., Schott C. (Hrsg.): Kanada. Naturraum und Entwicklungspotential, *Marburger Geographische Schriften*, Heft 79, S. 1-12

Niemz G. (1991): Ölgewinnung und Umweltschutz im Athabasca-Ölsandgebiet, Alberta. In: *Frankfurter Wirtschafts- und Sozialgeographische Schriften*, Heft 55, S. 113-140

Nitz H.J (1976): Landerschließung und Kulturlandschaftswandel an den Siedlungsgrenzen der Erde – Wege und Themen der Forschung. In: Landerschließung und Kulturlandschaftswandel an den Siedlungsgrenzen der Erde, Göttingen, Goltze, S. 11-23

Oppermann A. (1998): Ölsande in Kanada. In: *Praxis Geographie*, Heft 11, 1998, S. 21-24

Schmidt C. (1991): Die Erschließung neuer Gebiete in der Gegenwart – dargestellt am Beispiel des Kanadischen Nordens. In: *Zeitschrift für Wirtschaftsgeographie*, Jg. 35, Heft 3-4, S. 146-157

Schott C. (1953): Wandlungen der Landwirtschaft in den kanadischen Prärieprovinzen. In: Lenz K., Pletsch A. (Hrsg.): Kanada. Wirtschafts- und siedlungsgeographische Entwicklungen und Probleme, Berlin: Reimer, S. 53-73

Schott C. (1976): Die Auswirkungen der technischen Revolution in der Landwirtschaft nach 1945 auf die ländlichen Siedlungen Ostkanadas. In: Schott C. (Hrsg.): Beiträge zur Geographie Nordamerikas, *Marburger Geographische Schriften*, Heft 66, S. 89-110

Schröder P. (1989): Die wirtschaftliche Nutzung der Ölsand-Lagerstätten Kanadas. In: *Geographische Rundschau*, Band 41, Heft 1, S. 44-48

Seifried N.R. (1977): Economic and Environmental Risks and Uncertainty in Frontier Resource Development: Case Study of the Athabasca Oil Sands. In: *Geoforum*, Vol. 8, S. 267-277

Stäblein G. (1979): Verbreitung und Probleme des Permafrostes im nördlichen Kanada. In: Pletsch A., Schott C. (Hrsg.): Kanada. Naturraum und Entwicklungspotential, *Marburger Geographische Schriften*, Heft 79, S. 27-43

Steinecke K. (2000): Bergbau in der Kanadischen Borealis. In: *Geographische Rundschau*, Band 52, Heft 12, S. 28-35

Turner F.J. (1942): Die Grenze – Ihre Bedeutung in der amerikanischen Geschichte. Verlag Walter Dorn, 364 S.

Wood J.D. (2006): The last frontier: rationalizing the spread of farming into the boreal woods of Canada, c. 1910-1940. In: *The Canadian Geographer*, Band 50, Heft 1, S. 38-55

Vanderhill B.G. (1982): The passing of the pioneer fringe in Western Canada. In: *The Geographical Review* 72, S. 200-217

Statistische und kartographische Quellen

BP Statistical Review (2009): BP Statistical Review of World Energy. http://www.bp.com/liveassets/bp_internet/globalbp/globalbp_uk_english/reports_and_publications/statistical_energy_review_2008/STAGING/local_assets/2009_downloads/statistical_review_of_world_energy_full_report_2009.pdf; Abrufdatum: 17.04.2010.

Canadian Association of Petroleum Producers (2007): Oil Sands – Benefits to Alberta and Canada, today and tomorrow, through a fair, stable and competitive fiscal regime. http://www.capp.ca/getdoc.aspx?DocId=121342&DT=NTV; Abrufdatum: 06.09.2010.

Canadian Association of Petroleum Producers (2009): Developed non-conventional Oil remaining established reserves in Canada. http://membernet.capp.ca/SHB/Sheet.asp?SectionID=2&SheetID=151; Abrufdatum: 06.09.2010.

Canadian Association of Petroleum Producers (2010a): Crude Oil. Forecasts, Markets and Pipelines. http://www.capp.ca/getdoc.aspx?DocId=173003; Abrufdatum: 28.04.2010.

Canadian Association of Petroleum Producers (2010b): Canadian Synthetic & Bitumen Production. http://membernet.capp.ca/SHB/Sheet.asp?SectionID=3&SheetID=85; Abrufdatum: 06.09.2010.

Government of Alberta (2007a): Investing in our future: Responding to the rapid growth of Oil Sands Development – Final Report. Executive Summary. http://alberta.ca/home/documents/Investing_in_our_Future_Section1.pdf; Abrufdatum: 14.08.2010.

Government of Alberta (2007b): Investing in our future: Responding to the rapid growth of Oil Sands Development – Final Report. Projecting future growth_Section4. http://alberta.ca/home/documents/Investing_in_our_Future_Section4.pdf; Abrufdatum: 14.08.2010.

Government of Alberta, Treasury Board (2009): Responsible Action. A Plan for Alberta's Oil Sands. http://treasuryboard.alberta.ca/docs/GOA_ResponsibleActions_web.pdf; Abrufdatum: 22.05.2010.

Government of Alberta, Department of Energy (2010): Alberta's Oil Sands Projects and Upgraders. http://www.energy.gov.ab.ca/LandAccess/pdfs/Projects_Jul2010_11x17_final.pdf; Abrufdatum: 22.08.2010.

Natural Resources Canada (2009): Map of Top 100 Exploration and Appraisal Projects of 2009.http://mmsd.mms.nrcan.gc.ca/stat-stat/expl-expl/pdf/100Explo-eng.pdf; Abrufdatum: 05.10.2010.

Northern Alberta Development Council (2005): Non-Energy Mineral, Metal and Stone Resources in Northern Alberta. http://www.nadc.gov.ab.ca/industry/NADC-Area/NADC%20Mining/NADC%20Geology%20Snap%20Shot.pdf; Abrufdatum: 30.10.2010.

Northern Alberta Development Council (2008): Northern Highway Strategies. http://www.nadc.gov.ab.ca/Publications/reports/Northern-Highways-Strategy-2008.pdf; Abrufdatum: 30.07.2010.

Northern Alberta Development Council (2009a): Analysis of the Economic Contribution of the Northern Alberta Development Council region to Alberta and Canada. http://www.nadc.gov.ab.ca/Publications/reports/2009-Northern-Contributions.pdf; Abrufdatum: 30.07.2010.

Northern Alberta Development Council (2009b): Developing Northern Alberta: Northern Challenges, Assets and Opportunities. http://www.nadc.gov.ab.ca/Publications/reports/Developing-Northern-AB.pdf; Abrufdatum: 29.07.2010.

Northern Alberta Development Council (2009c): Northern Municipal Infrastructure Required Investment Scan. http://www.nadc.gov.ab.ca/Publications/reports/infrastructure-2009.pdf; Abrufdatum: 30.07.2010.

Northern Alberta Development Council (2009d): Defining Quality for Peace Country Agriculture. http://www.nadc.gov.ab.ca/Publications/reports/Branding-Agriculture.pdf; Abrufdatum: 14.08.2010.

Northern Alberta Development Council (2010): Professional Workforce Scan 2010. http://www.nadc.gov.ab.ca/Publications/reports/Workforce-Scan-2010.pdf; Abrufdatum: 29.07.2010.

Opportunitynorth.ca (2005): Economic and Demographic Profile of Northern Alberta. http://www.opportunitynorth.ca/html/Maps/EconomicDemographicProfile.pdf; Abrufdatum: 30.07.2010.

Regional Municipality of Wood Buffalo (2000): Municipal Development Plan. http://woodbuffalo.ironpointv7.net/AssetFactory.aspx?did=1746; Abrufdatum: 12.04.2011.

Regional Municipality of Wood Buffalo (2003): Regional Profile 2003. http://www.woodbuffalo.ab.ca/residents/regional_profile/RegionalProfile.pdf; Abrufdatum: 11.03.2010.

Regional Municipality of Wood Buffalo (2007a): Fringe Area Development Assessment – Urban Service Area. Executive Summary. http://www.wood

buffalo.ab.ca/Assets/Departments/Planning+and+Development/Long+Range +Planning/Fringe+Area+Study/Fringe+Area+Study+Executive+Summary.pdf; Abrufdatum: 14.08.2010.

Regional Municipality of Wood Buffalo (2007b): Fringe Area Development Assessment – Urban Service Area. Fringe Report Part 1. http://www.wood buffalo.ab.ca/Assets/Departments/Planning+and+Development/Long+Range +Planning/Fringe+Area+Study/Fringe+Area+Study+Part+1.pdf http://www. woodbuffalo.ab.ca/business/land_development/pdf/fringe/fringe _report_part_1.pdf; Abrufdatum: 07.03.2010.

Regional Municipality of Wood Buffalo (2007c): Fringe Area Development Assessment – Urban Service Area. Fringe Report Part 2. http://www.wood buffalo.ab.ca/Assets/Departments/Planning+and+Development/Long+Range +Planning/Fringe+Area+Study/Fringe+Area+Study+Part+2.pdf; Abrufdatum: 09.05.2010.

Regional Municipality of Wood Buffalo (2007d): Fringe Area Development Assessment – Urban Service Area. Fringe Report Part 3. http://www.wood buffalo.ab.ca/Assets/Departments/Planning+and+Development/Long+Range +Planning/Fringe+Area+Study/Fringe+Area+Study+Part+3.pdf; Abrufdatum: 09.05.2010.

Regional Municipality of Wood Buffalo (2009): 2008 Municipal Census. http://www.woodbuffalo.ab.ca/Assets/Corporate/Census+Reports/2008_muni cipal_census.pdf; Abrufdatum: 07.03.2010.

Regional Municipality of Wood Buffalo (2010a): Fort McMurray Street Map. http://www.woodbuffalo.ab.ca/residents/maps/pdf/Fort_McMurray_Street_ Map.pdf; Abrufdatum: 11.03.2010.

Regional Municipality of Wood Buffalo (2010b): Wood Buffalo Regional Economic Development Strategy 2010-2014. http://www.woodbuffalo.ab.ca/ business/economic_strategy/pdf/2010-2014_economic_dev_strategy.pdf; Abrufdatum: 13.07.2010.

Regional Municipality of Wood Buffalo (2010c): 2010 Municipal Census. http://woodbuffalo.ironpointv7.net/AssetFactory.aspx?did=1448; Abrufdatum: 16.04.2011.

Royal Society of Canada (2010): Environmental and Health Impacts of Canada's Oil Sands Industry. http://www.rsc.ca/documents/expert/RSC%20re port%20complete%20secured%209Mb.pdf; Abrufdatum: 10.12.2010.

Statistics Canada (2008a): Census of Agriculture (1986 to 2006). Canada. http://www40.statcan.ca/l01/cst01/agrc25a-eng.htm; Abrufdatum: 10.10.2010.

Statistics Canada (2008b): Census of Agriculture (1986 to 2006). Newfoundland and Labrador. http://www40.statcan.ca/l01/cst01/agrc25b-eng.htm: Abrufdatum: 10.10.2010.

Statistics Canada (2008c): Census of Agriculture (1986 to 2006). Prince Edward Island. http://www40.statcan.ca/l01/cst01/agrc25c-eng.htm; Abrufdatum: 10.10.2010.

Statistics Canada (2008d): Census of Agriculture (1986 to 2006). Nova Scotia. http://www40.statcan.ca/l01/cst01/agrc25d-eng.htm; Abrufdatum: 10.10.2010.

Statistics Canada (2008e): Census of Agriculture (1986 to 2006). Québec. http://www40.statcan.ca/l01/cst01/agrc25f-eng.htm; Abrufdatum: 10.10.2010.

Statistics Canada (2008f): Census of Agriculture (1986 to 2006). Ontario. http://www40.statcan.ca/l01/cst01/agrc25g-eng.htm; Abrufdatum: 10.10.2010.

Statistics Canada (2008g): Census of Agriculture (1986 to 2006). Manitoba. http://www40.statcan.ca/l01/cst01/agrc25h-eng.htm; Abrufdatum: 10.10.2010.

Statistics Canada (2008h): Census of Agriculture (1986 to 2006). Saskatchewan. http://www40.statcan.ca/l01/cst01/agrc25i-eng.htm; Abrufdatum: 10.10.2010.

Statistics Canada (2008i): Census of Agriculture (1986 to 2006). Alberta. http://www40.statcan.ca/l01/cst01/agrc25j-eng.htm; Abrufdatum: 10.10.2010.

Statistics Canada (2008j): Census of Agriculture (1986 to 2006). British Columbia. http://www40.statcan.ca/l01/cst01/agrc25k-eng.htm; Abrufdatum: 10.10.2010.

Statistics Canada (2010): 2006 Community Profiles. http://www12.statcan.ca/census-recensement/2006/dp-pd/prof/92-591/details/page_Print-Imprimer.cfm?Lang=E&Geo1=CSD&Code1=4816037&Geo2=PR&Code2=48&Data=Count&SearchText=Wood%20Buffalo&SearchType=Begins&SearchPR=01&B1=Custom&Custom=1000,2000,11000,12000,14000,15000,18000,21000,22000,23000,26000,27000,29000,30000; Abrufdatum: 22.05.2010

Statistics Canada (2011): Energy Statistics Handbook. Third Quarter 2010. http://www.statcan.gc.ca/pub/57-601-x/57-601-x2010003-eng.pdf; Abrufdatum: 11.03.2011.

Statistics Fort McMurray (2008): Alberta Population Profile. http://www.altapop.ca/urbanservareas/fortmcmu.pdf; Abrufdatum: 11.03.2010.

The Mining Association of Canada (2008): A Report on the state of the Canadian Mining Industry – Facts and Figures 2008. http://www.mining.ca/www/media_lib/MAC_Documents/Publications/2008/08_FFeng.pdf; Abrufdatum: 05.10.2010.

The Mining Association of Canada (2009): A Report on the state of the Canadian Mining Industry – Facts and Figures 2009. http://www.mining.ca/ www/media_lib/MAC_Documents/Publications/2009/2009_F_and_F_English.pdf; Abrufdatum: 05.10.2010.

The Oil Sands Developers Group (2009): The Oil Sands Developers Group Forecasts. http://www.oilsandsdevelopers.ca/wp-content/uploads/2009/09/OSDG-Forecasts-September-2009.pdf; Abrufdatum: 28.04.2010.

The Oil Sands Developers Group (2011a): Oil Sands Projects Lists. http://www.oilsandsdevelopers.ca/wp-content/uploads/2011/01/Oil-Sands-Project-List-January-2011.pdf; Abrufdatum: 05.02.2011

The Oil Sands Developers Group (2011b): Athabasca Oilsands Projects. http://www.oilsandsdevelopers.ca/wp-content/uploads/2011/01/OSDG-Pro ject-Map.-Jan.-2011.pdf; Abrufdatum: 10.02.2011.

Berichte und andere Internetquellen

Alberta Chamber of Commerce (2004): Oil Sands Technology Roadmap – Unlocking the Potential. http://www.acr-alberta.com/OSTR_report.pdf; Abrufdatum: 18.06.2008.

Berliner Zeitung (2008): Ein Trapperdorf hat auf Ölsand gebaut. http://www.berlinonline.de/berliner-zeitung/archiv/.bin/dump.fcgi/2008/0805/wirtschaft/0010/index.html; Abrufdatum: 04.02.2010.

Canadian Association of Petroleum Producers (2009a): Land Use in Canada's Oil Sands. http://www.capp.ca/getdoc.aspx?DocId=154988&DT=NTV; Abrufdatum: 26.04.2010.

Canadian Association of Petroleum Producers (2009b): Water Use in Canada's Oil Sands. http://www.capp.ca/getdoc.aspx?DocId=154986&DT=NTV; Abrufdatum: 27.08.2010.

Canadian Association of Petroleum Producers (2010a): Canada's Oil and Gas State of the Industry and Outlook for 2010. http://www.capp.ca/getdoc.aspx?dt=PDF&docID=164491; Abrufdatum: 20.12.2010.

Canadian Association of Petroleum Producers (2010b): Environmental and Health Impacts of Canada's Oil Sands Industry. http://www.rsc.ca/documents/expert/RSC%20report%20complete%20secured%209Mb.pdf; Abrufdatum: 28.12.2010.

Canadian Business Online (2006): The downside of boom: Alberta's manpower shortage. http://www.canadianbusiness.com/managing/employees/article.jsp?content=20060522_77876_77876; Abrufdatum: 21.05.2008.

Canada.com (2006): Fort Mac right to cry "Enough!" http://www.canada.com/edmontonjournal/news/opinion/story.html?id=07e553a7-1cc6-442d-81be-afeccd4c85df; Abrufdatum: 16.07.2010

Canadian Broadcasting Centre (2007): U.S. urges 'fivefold expansion' in Alberta oilsands production. http://www.cbc.ca/canada/story/2007/01/17/oil-sands.html; Abrufdatum: 02.05.2010.

Canadian Broadcasting Centre (2009): The boom ends for Alberta oilsands. http://www.cbc.ca/money/story/2009/02/27/f-oilsands-challenges.html; Abrufdatum: 11.03.2009.

Energy Resources Conservation Board (2010): Alberta's Energy Reserves 2009 and Supply \ Demand Outlook 2010-2019. http://www.ercb.ca/docs/products/STs/ st98_current.pdf; Abrufdatum: 11.03.2011

Government of Alberta, Department of Energy (2008a): Albertas Oil Sands, 2008. http://www.energy.gov.ab.ca/OilSands/pdfs/AB_OS2008.pdf; Abrufdatum: 22.08.2010.

Government of Alberta, Department of Energy (2008b): Alberta's Oil Sands, Opportunity and Balance. http://www.energy.gov.ab.ca/OilSands/pdfs/Oil_Sands_Opp_Balance.pdf; Abrufdatum: 22.08.2010.

Government of Alberta, Department of Energy (2009a): Alberta's Energy Industry. An Overview 2008. http://www.energy.gov.ab.ca/Org/pdfs/Alberta_Energy_Overview.pdf; Abrufdatum: 18.07.2010.

Government of Alberta, Department of Energy (2009b): The resource. http://www.oilsands.alberta.ca/documents/The_resource.pdf; Abrufdatum: 20.05.2010.

Multiple Listing Services (2011): http://www.realtor.ca/PropertyDetails.aspx?PropertyID=10363444&PidKey=222954214; Abrufdatum: 19.03.2011

National Energy Board (2006): Canadas Oil Sands. Opportunities and Challenges to 2015: An Update. http://www.ercb.ca/docs/products/STs/st98_current.pdf; Abrufdatum: 22.03.2011.

Nbbusinessjournal (2008): Once booming Alberta oilsands face uncertain future. http://nbbusinessjournal.canadaeast.com/journal/article/526402; Abrufdatum: 13.01.2009.

Oil Sands Discovery (2009): Facts about Alberta's oil sands and its industry. http://www.oilsandsdiscovery.com/oil_sands_story/pdfs/facts_sheets09.pdf; Abrufdatum: 11.03.2010.

OSDG (2009): Transportation Fact Sheet. http://www.oilsandsdevelopers.ca/wp-content/uploads/2009/10/Transportation-Fact-Sheet-October-2009.pdf; Abrufdatum: 28.04.2010.

OSDG (2010a): http://www.oilsandsdevelopers.ca/wp-content/uploads /2009/03/OSDG-Fact-Sheet-Comm..pdf; Abrufdatum: 10.02.2011.

OSDG (2010b): Extracting Oil Sands – In situ and Mining Methods. http://www.oilsandsdevelopers.ca/wp-content/uploads/2009/03/OSDG-Fact-Sheet-Extraction.pdf; Abrufdatum: 10.02.2011.

O.V. (2011): A Guide to Fort McMurray and the Wood Buffalo Region. http://www.fortmcmurraytourism.com/file.php?file=86c604ab5d0f4ceee1d9e09fa73e2560; Abrufdatum: 23.03.2011.

Spiegel (2007): An der Straße des Geldes. http://www.spiegel.de/spiegel/print/d-50828236.html; Abrufdatum: 04.02.2010.

Süddeutsche Zeitung (2008): Ein Land baut auf Sand. http://sz-magazin.sueddeutsche.de/texte/anzeigen/4282; Abrufdatum: 11.03.2010.

The Mining Association of Canada (2009): http://www.nrcan.gc.ca/eneene/pdf/os-sb-eng.pdf; Abrufdatum: 25.12.2010.

MIX
Papier | Fördert gute Waldnutzung
FSC® C083411

Kolibri 360 GmbH
Ferdinand-Jühlke-Straße 7
99095 Erfurt, Deutschland
produktsicherheit@kolibri360.de